技工学校"十四五"规划室内设计专业教材

人体工程学

李佑广 宁少华 陈嘉銮 梁灿德 主编

华中科技大学出版社

http://www.hustp.com

中国·武汉

内容简介

本教材介绍了室内设计、家具设计与布置及室内环境系统如何最大限度满足使用者的需求等方面的重点知识。内容包括：绪论、人体测量与应用、凭倚类家具功能尺寸设计、支撑类家具功能尺寸设计、收纳类家具功能尺寸设计、居住空间设计、公共空间设计等；讲解人体尺寸，深入分析活动空间以及心理空间与室内设计的关系，从根本上传递以人为本的设计理念，从使用者的角度考虑室内空间尺寸的设定以及家具等设备设施的选用。

本教材理论结合实际，条理清晰，深入浅出，通俗易懂。每一个项目都有相关的学习任务，在帮助学生掌握课程学习要点的同时，培养学生自主学习和解决实际问题的能力。

图书在版编目（ＣＩＰ）数据

人体工程学 / 李佑广等主编 . — 武汉：华中科技大学出版社，2021.1（2024.8重印）

ISBN 978-7-5680-6762-1

Ⅰ . ①人… Ⅱ . ①李… Ⅲ . ①工效学－教材 Ⅳ . ① TB18

中国版本图书馆 CIP 数据核字 (2020) 第 256130 号

人体工程学

Renti Gongchengxue

李佑广　宁少华　陈嘉銮　梁灿德　主编

策划编辑：金　紫

责任编辑：金　紫　卢　乔

装帧设计：金　金

责任校对：周怡露

责任监印：朱　玢

出版发行：华中科技大学出版社（中国 • 武汉）　　电　　话：（027）81321913

　　　　　武汉市东湖新技术开发区华工科技园　　邮　　编：430223

录　　排：天津清格印象文化传播有限公司

印　　刷：武汉市洪林印务有限公司

开　　本：889mm×1194mm　1/16

印　　张：9

字　　数：176 千字

版　　次：2024 年 8 月第 1 版第 3 次印刷

定　　价：49.80 元

技工学校"十四五"规划室内设计专业教材
编写委员会名单

● 编写委员会主任委员

文健（广州城建职业学院科研副院长）

王博（广州市工贸技师学院文化创意产业系室内设计教研组组长）

罗菊平（佛山市技师学院设计系副主任）

叶晓燕（广东省城市建设技师学院艺术设计系主任）

宋雄（广州市工贸技师学院文化创意产业系副主任）

谢芳（广东省理工职业技术学校室内设计教研室主任）

吴宗建（广东省集美设计工程有限公司山田组设计总监）

刘洪麟（广州大学建筑设计研究院设计总监）

曹建光（广东建安居集团有限公司总经理）

汪志科（佛山市拓维室内设计有限公司总经理）

● 编委会委员

张宪梁、陈淑迎、姚婷、李程鹏、阮健生、肖龙川、陈杰明、廖家佑、陈升远、徐君永、苏俊毅、邹静、孙佳、何超红、陈嘉銮、钟燕、朱江、范婕、张淏、孙程、陈阳锦、吕春兰、唐楚柔、高飞、宁少华、麦绮文、赖映华、陈雅婧、陈华勇、李儒慧、阚俊莹、吴静纯、黄雨佳、李洁如、郑晓燕、邢学敏、林颖、区静、任增凯、张琮、陆妍君、莫家娉、叶志鹏、邓子云、魏燕、葛巧玲、刘锐、林秀琼、陶德平、梁均洪、曾小慧、沈嘉彦、李天新、潘启丽、冯晶、马定华、周丽娟、黄艳、张夏欣、赵崇斌、邓燕红、李魏巍、梁露茜、刘莉萍、熊浩、练丽红、康弘玉、李芹、张煜、李佑广、周亚蓝、刘彩霞、蔡建华、张嫄、张文倩、李盈、安怡、柳芳、张玉强、夏立娟、周晟恺、林挺、王明觉、杨逸卿、罗芬、张来涛、吴婷、邓伟鹏、胡彬、吴海强、黄国燕、欧浩娟、杨丹青、黄华兰、胡建新、王剑锋、廖玉云、程功、杨理琪、叶紫、余巧倩、李文俊、孙靖诗、杨希文、梁少玲、郑一文、李中一、张锐鹏、刘珊珊、王奕琳、靳欢欢、梁晶晶、刘晓红、陈书强、张劼、罗茗铭、曾蔷、刘珊、赵海、孙明媚、刘立明、周子渲、朱苑玲、周欣、杨安进、吴世辉、朱海英、薛家慧、李玉冰、罗敏熙、原浩麟、何颖文、陈望望、方剑慧、梁杏欢、陈承、黄雪晴、罗活活、尹伟荣、冯建瑜、陈明、周波兰、李斯婷、石树勇、尹庆

● 总主编

文健，教授，高级工艺美术师，国家一级建筑装饰设计师。全国优秀教师，2008年、2009年和2010年连续三年获评广东省技术能手。2015年被广东省人力资源和社会保障厅认定为首批广东省室内设计技能大师，2019年被广东省教育厅认定为建筑装饰设计技能大师。中山大学客座教授，华南理工大学客座教授，广州大学建筑设计研究院室内设计研究中心客座教授。出版艺术设计类专业教材120种，拥有自主知识产权的专利技术130项。主持省级品牌专业建设、省级实训基地建设、省级教学团队建设3项。主持100余项室内设计项目的设计、预算和施工，内容涵盖高端住宅空间、办公空间、餐饮空间、酒店、娱乐会所、教育培训机构等，获得国家级和省级室内设计一等奖5项。

● 合作编写单位

（1）合作编写院校

广州市工贸技师学院　　　　　　东莞实验技工学校

佛山市技师学院　　　　　　　　广东省粤东技师学院

广东省城市建设技师学院　　　　珠海市技师学院

广东省理工职业技术学校　　　　广东省工业高级技工学校

台山市敬修职业技术学校　　　　广东省工商高级技工学校

广州市轻工技师学院　　　　　　广东江南理工高级技工学校

广东省华立技师学院　　　　　　广东羊城技工学校

广东花城工商高级技工学校　　　广州市从化区高级技工学校

广东省技师学院　　　　　　　　广州造船厂技工学校

广州城建技工学校　　　　　　　海南省技师学院

广东岭南现代技师学院　　　　　贵州省电子信息技师学院

广东省国防科技技师学院

广东省岭南工商第一技师学院

广东省台山市技工学校

茂名市交通高级技工学校

阳江技师学院

河源技师学院

惠州市技师学院

广东省交通运输技师学院

梅州市技师学院

中山市技师学院

肇庆市技师学院

江门市新会技师学院

东莞市技师学院

江门市技师学院

清远市技师学院

山东技师学院

广东省电子信息高级技工学校

（2）合作编写企业

广东省集美设计工程有限公司

广东省集美设计工程有限公司山田组

广州大学建筑设计研究院

中国建筑第二工程局有限公司广州分公司

中铁一局集团有限公司广州分公司

广东华坤建设集团有限公司

广东翔顺集团有限公司

广东建安居集团有限公司

广东省美术设计装修工程有限公司

深圳市卓艺装饰设计工程有限公司

深圳市深装总装饰工程工业有限公司

深圳市名雕装饰股份有限公司

深圳市洪涛装饰股份有限公司

广州华浔品味装饰工程有限公司

广州浩弘装饰工程有限公司

广州大辰装饰工程有限公司

广州市铂域建筑设计有限公司

佛山市室内设计协会

佛山市拓维室内设计有限公司

佛山市星艺装饰设计有限公司

佛山市三星装饰设计工程有限公司

佛山市湛江设计力量

广州瀚华建筑设计有限公司

广东岸芷汀兰装饰工程有限公司

广州翰思建筑装饰有限公司

广州市玉尔轩室内设计有限公司

武汉半月景观设计公司

惊喜（广州）设计有限公司

序言

　　技工教育是中国职业技术教育的重要组成部分，主要承担培养高技能产业工人和技术工人的任务。随着"中国制造 2025"战略的逐步实施，建设一支高素质的技能人才队伍是实现规划目标的必备条件。如今，技工院校的办学水平和办学条件已经得到很大的改善，进一步提高技工院校的教育、教学水平，提升技工院校学生的职业技能和就业率，弘扬和培育工匠精神，打造技工教育的特色，已成为技工院校的共识。而技工院校高水平专业教材建设无疑是技工教育特色发展的重要抓手。

　　本套规划教材以国家职业标准为依据，以培养学生的综合职业能力为目标，以典型工作任务为载体，以学生为中心，根据典型工作任务和工作过程设计教材的项目和学习任务。同时，按照职业标准和学生自主学习的要求进行教材内容的设计，结合理论教学与实践教学，实现能力培养与工作岗位对接。

　　本套规划教材的特色在于，在编写体例上与技工院校倡导的"教学设计项目化、任务化，课程设计教、学、做一体化，工作任务典型化，知识和技能要求具体化"紧密结合，体现任务引领实践的课程设计思想，以典型工作任务和职业活动为主线设计教材结构，以职业能力培养为核心，将理论教学与技能操作相融合作为课程设计的抓手。本套规划教材在理论讲解环节做到简洁实用，深入浅出；在实践操作训练环节体现以学生为主体的特点，创设工作情境，强化教学互动，让实训的方式、方法和步骤清晰明确，可操作性强，并能激发学生的学习兴趣，促进学生主动学习。

　　为了打造一流品质，本套规划教材组织了全国 40 余所技工院校共 100 余名一线骨干教师和室内设计企业的设计师（工程师）参与编写。校企双方的编写团队紧密合作，取长补短，建言献策，让本套规划教材更加贴近专业岗位的技能需求和技工教育的教学实际，也让本套规划教材的质量得到了充分保证。衷心希望本套规划教材能够为我国技工教育的改革与发展贡献力量。

技工学校"十四五"规划室内设计专业教材 总主编

教授 / 高级技师 **文健**

2020 年 6 月

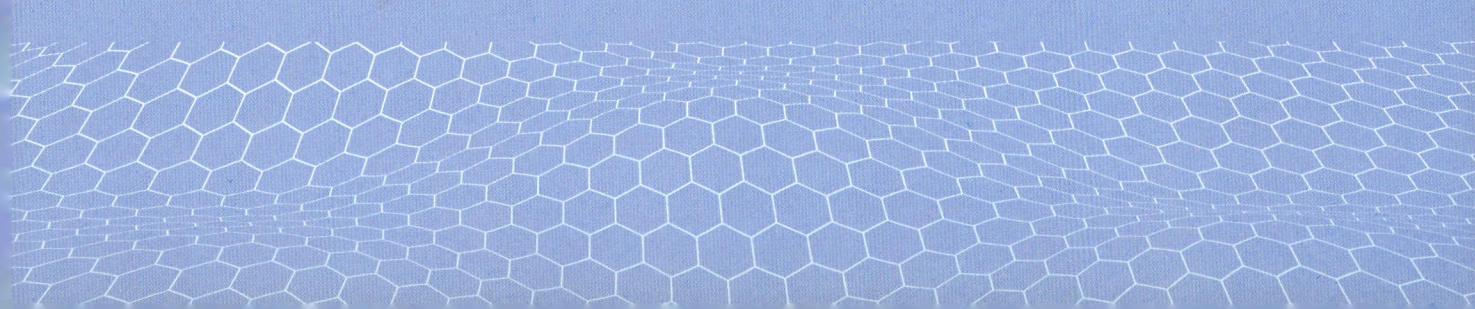

前 言

设计与生活的关系就像是一枚硬币的两面，它们共同的基础是满足人类所需，追求的目标是造福人类，这就是设计师在设计作品时强调以人为本的原因。"以人为本"从字面理解就是以人为根本；而"以人为本的设计"就是"以人为出发点的设计"，表达设计本身对设计所面向的受众的关怀，是对设计的一种肯定。这样的设计以人的使用为出发点，同时满足人对安全保障、体感舒适、高效能的追求。

人体工程学强调以人为本，运用生理学、解剖学和心理学等相关学科知识，研究人机系统中人、机、环境三者之间的相互关系，达到人与环境相协调的目的，提高人的生活和工作质量，对室内设计专业学习尤为重要。

人体工程学是室内设计专业必修专业基础课程，对提高学生的室内设计能力和水平起到至关重要的作用。本教材从室内设计专业的角度，将认识人体工程学、人体测量与应用、凭倚类家具功能尺寸设计、支撑类家具功能尺寸设计、收纳类家具功能尺寸设计、居住空间设计、公共空间设计等人体工程学知识进行深入的分析和讲解，配以人体尺寸手绘图、重点内容概括、思考与训练等，以便学生更轻松地掌握相关知识点，全面、系统地了解其中的原理、方法和技巧，为室内空间的专题设计建立完善、扎实的理论基础。

本教材在编写体例上与技工院校倡导的教学设计项目化、任务化，课程设计工学一体化，工作任务典型化，知识和技能要求具体化等目标紧密结合，体现任务引领实践导向的课程设计思想，以典型工作任务和职业活动为主线设计教材结构，同时以职业能力培养为核心，理论教学与技能操作融会贯通为课程设计的抓手。理论讲解简洁实用，深入浅出；实践操作训练，以学生为主体，创设工作情境，强化教学互动，实训方式、方法和步骤清晰，可操作性强，激发学生的学习兴趣，调动学生去主动学习。

本教材在编写过程中得到了中山市技师学院、佛山市技师学院，以及其他院校师生的大力支持和帮助，在此对他们表示衷心的感谢。由于社会发展迅速，室内设计相关的人体工程学知识不断深化，加上时间紧张，编者学术水平有限，本书可能存在一些不足之处，敬请各位读者批评指正。

李佑广

2020.9.10

课时安排（建议课时80）

项目	课程内容	课时	
绪论	认识人体工程学	4	4
项目一 人体测量与应用	学习任务一　人体测量	4	8
	学习任务二　人体尺寸应用	4	
项目二 凭倚类家具功能 尺寸设计	学习任务一　凭倚类家具调研	4	10
	学习任务二　课桌椅设计	6	
项目三 支撑类家具功能 尺寸设计	学习任务一　支撑类家具调研	4	16
	学习任务二　工作椅设计	6	
	学习任务三　幼儿园午休卧具设计	6	
项目四 收纳类家具功能 尺寸设计	学习任务一　收纳类家具调研	4	8
	学习任务二　书柜设计	4	
项目五 居住空间设计	学习任务一　客厅空间设计	4	18
	学习任务二　餐厅空间设计	4	
	学习任务三　卧室空间设计	2	
	学习任务四　厨房空间设计	4	
	学习任务五　卫浴空间设计	4	
项目六 公共空间设计	学习任务一　办公空间设计	8	16
	学习任务二　餐饮空间设计	8	

目 录

绪论
认识人体工程学

一、人体工程学的定义

人体工程学是研究系统中人、机、环境三要素之间关系，为解决该系统中人的效能、健康问题提供理论与方法的学科，又称为人机工程学、人类工效学。

人体工程学（英文为 ergonomics）由波兰学者首次提出，它由希腊语 ergon（出力、工作）和 nomos（法则）复合组成，ergonomics 意思是指"工作的法则"，即工作和产品的设计应该符合人的能力与习惯。该词较全面地反映出人体工程学的本质，而且词义中立，因此目前较多国家采用这一词作为该学科的名称。人体工程学的研究内容如下。

人：作业者或使用者，包括人的生理特征、心理特征以及人适应机械、环境的能力。

机：机械，包括人操作和使用的一切产品和工程系统。在室内设计领域主要是指各类家具以及与人关系密切的建筑构件，如门、窗、楼梯等。

环境：人生活、工作的环境以及照明、气温、温度、噪声等环境因素对人的影响。

系统：相互作用、相互依存的人、机、环境三要素结合而成的有机整体，是人体工程学的重要概念和思想。人体工程学从系统的高度研究人、机、环境三要素及其之间的关系。

效能：人按照一定要求完成某项作业时所表现出的效率和成绩，也称为作业效能。一个人的效能既取决于工作性质工作方法、人的能力、工具，又取决于人、机、环境三要素的运作协调。

健康：指的是人的生理和心理的健康。

二、人体工程学的起源与发展

1. 经验人体工程学阶段

（1）原始时期。

人类社会的发展伴随着造物的过程。在石器时代，人类就开始探寻适用于捕猎、耕作的器具，逐渐掌握并制作出适用于人手使用的器具，开始了不自知的人机设计。旧石器时代制造的石器多为自然形，而新石器时代的石器多为磨制石器。从石器形状的发展变化来看，是符合人机工程学原理的，见图 0-1。

图 0-1 不同时期的石器造型

马扎是一种便携式坐具，是由中国古代游牧民族发明并制作的。中国古代北方少数民族大多是游牧民族，居无定所。这种腿交叉、可以合拢、便于携带的坐具，因适用游牧民族的生活而产生，见图 0-2。它最早的名称叫胡床、交杌，后人俗称马扎。

（2）萌芽时期。

19 世纪到 20 世纪 30 年代，随着工业化的进程，人们开始采用科学的方法研究人的能力与其使用的工具之间的关系，有意识地研究人机关系，其中有三项著名的研究试验，分别是莫索的肌肉疲劳试验、泰勒的铁锹试验和吉尔伯勒斯夫妇的砌砖作业试验。

图 0-2 黄花梨交杌（宽 29cm，长 66cm，高 55cm）

泰勒和吉尔伯勒斯的试验对人体工程学的发展影响最大。一般认为，人体工程学的运用开始于吉尔伯勒斯夫妇首先进行的动作研究和时间研究。而后泰勒的研究成果，在 20 世纪初期成了美国和欧洲一些国家为了提高劳动生产率而推行的"泰勒制"。

经验人体工程学阶段萌芽时期一直持续到第二次世界大战前，基本上是人适应机的阶段，通过对人的选拔与培训，达到人与机器装备的匹配。因为从事研究的人员大都是心理学家，偏向心理学研究，因此，有人把这个阶段称为应用实验心理学。

2. 科学人体工程学阶段

第二次世界大战期间是人体工程学发展的第二个阶段。由于战争的需要，许多国家大力发展效能高、威力大的新式武器和装备。然而，片面注重武器的性能和威力研究，却忽略了使用者的能力与极限，因为操作失误导致伤亡的事件时有发生。如飞机驾驶员误读仪表而意外失事；由于武器操作复杂，不符合人的生理尺寸而造成战斗过程中命中率低等。失败的教训引起了决策者和设计者的高度重视，开始考虑操作人员的生理和心理特点，研究如何使机器与人的能力限度和特性相适应，促进了人体工程学的进一步发展。

科学人体工程学阶段一直延续到 20 世纪 50 年代末。这个阶段的发展特点是重视工业与工程设计中"人的因素"，力求使机器适用于人。

3. 现代人体工程学阶段

第二次世界大战后，人体工程学的研究成果广泛应用到了产业界，如家具设计、产品设计、室内设计、医疗器械设计、汽车与民航客机设计等。现阶段以追求人与机械间的合理化为目的，人体工程学得到了空前的发展。

1961 年，瑞典苏黎世成立了国际工效学联合会（IEA, International Ergonomics Association）总部。此后，许多国家都成立了人类工效学专业研究机构和学术团体，很多研究成果还被纳入国际和国家标准。

现代人体工程学阶段的发展有如下三个特点。

（1）着眼于机械装备的设计，使机器的操作不超越人的能力极限。

（2）通过严密计划，广泛的实验性研究，利用所掌握的基本原理进行机械装备设计。

（3）加强实验心理学、生理学、功能解剖学等学科专家与物理学、数学、工程学等研究人员的合作。

现代人机工程学研究的方向是把人－机－环境系统作为一个整体来研究，以创造最适合于人工作的机械设备和作业环境，使人－机－环境系统相协调，从而达到系统的最高综合效能。

三、人体工程学的研究内容

人体工程学研究包括理论和应用两方面，目前本学科研究总的趋势着重于应用。虽然各国对人体工程学研究的侧重点不同，但总的说来可以分为四个方面：一是人体测量、环境因素、作业强度与疲劳等方面的研究；二是感官知觉、运动特点、作业姿势等方面的研究；三是操纵、显示设计、人机系统控制以及人体工程学原理在工业与工程设计中的应用等方面的研究；四是人机关系、人与环境关系、人与生态等人体工程学前沿领域的研究。概括起来，人体工程学的研究内容如下。

1. 人体特征的研究

人体特征的研究主要是人机系统中与人体有关的问题，如人体形态特征参数、信息的感知与处理能力、人的反应特性等。

2. 人机系统的总体设计

人机系统的工作效能的高低取决于系统的总体设计，也就是机是否适合人的使用，包括显示器（如仪表盘、信号仪、显示屏等）、操纵器（各种器具的操纵部分，如杆、钮、盘、踏板等）、器具（如家具、器皿、工具等）。

3. 工作场所和环境设计

工作场所、环境设计是否合理，将直接影响人的工作效率。研究工作场所和环境设计的目的是保证物质环境适合人体的特点，使人以无害于健康的姿势从事劳动，舒适、高效地完成工作。

工作场所和环境包括普通环境和特殊环境两类。普通环境指的是正常气候条件下的工作环境。特殊环境指的是特殊的行业的环境，如冶金、化工、采矿、极地探险等特殊的环境，以及高温、高压、振动、辐射等工作场所。

四、人体工程学在室内设计中的作用

1. 为室内空间设计提供适应人体的主要数据

人体工程学从人－机－环境系统整体出发，研究系统中各要素间的交互作用，其中人是关键因素。人的基础数据主要有人体尺度、人体动作域、人体动作空间等。

（1）人体尺度。

人体尺度是人体工程学研究的基本数据之一，它主要是以人体构造的基本尺寸为依据，通过研究人体对环境中各种因素的反应和适应力，进而分析环境因素对人生理、心理以及工作效率的影响，确定人所处的各种环境的舒适范围和安全限度，进行的系统数据比较与分析结果的反映。它也因国家、地域、民族、生活习惯等的不同而存在较大的差异。

人体基本尺度数据的使用在室内空间功能的设计中起到重要的辅助作用，如门的高度、楼梯扶手高度等，见图0-3。

（2）人体动作域。

人体动作域是指人们在工作和生活中肢体活动范围的大小，它是确定室内空间尺度的重要依据。如果说人体尺度是静态的、相对固定的数据，人体动作域的尺度则为动态的，其动态尺度与活动情景状态有关。

人体尺度具体数据的选用，应考虑不同空间与环境状态下人的动作和活动安全。对于大多数人的适宜尺寸，强调以安全为前提，如门洞高度、楼梯通行净高、栏杆扶手高度等，应取男性人体高度的上限，并适当加以人体动态时的余量进行设计。踏步高度、上搁板或挂钩高度，应按女性人体的平均高度进行设计。

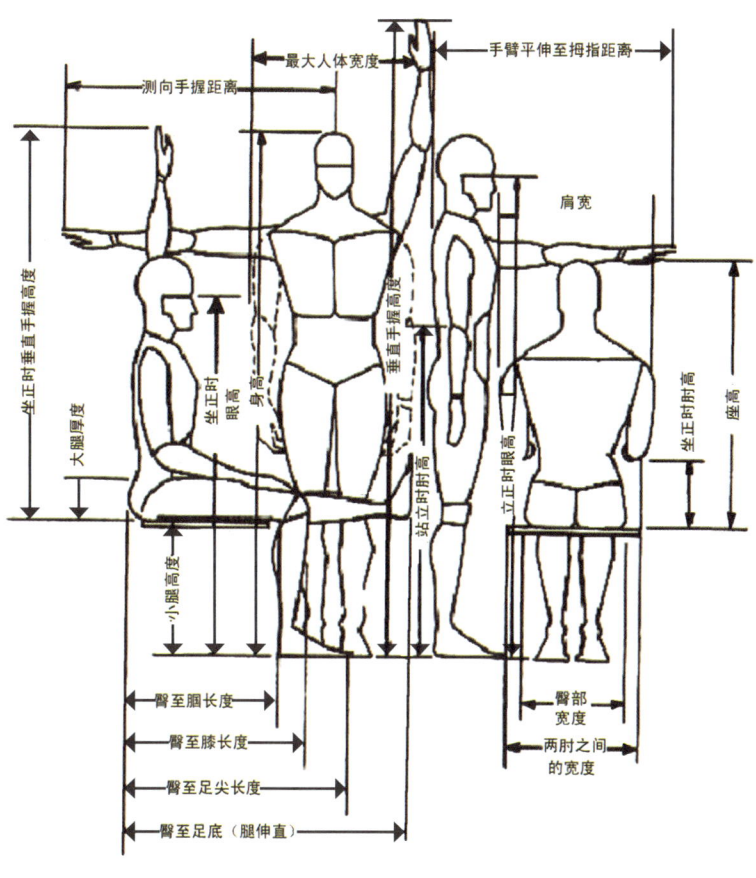

图 0-3 人体基本尺度

（3）人体活动空间。

人体活动空间的尺度是适应人们行为要求的室内空间尺度，是相对的概念，亦是动态的尺寸。设计师应在满足活动空间不变的前提下，将涉及的活动范围进行合理的规划，设计出适应人们生理需求、行为需求和心理需求的空间范围。

2. 为室内家具设计提供主要依据

家具是指为人类的生产、生活以及社会活动提供坐、卧、凭倚、贮存或者分隔等功能的器具。家具既有实用功能，又可以美化和装饰空间，让生活更舒适。家具的尺度、造型、色彩及其布置方式必须符合使用者的生理、心理尺度以及活动规律，达到安全、实用、方便、舒适、美观的目的。例如椅子要让人坐得舒适、使用方便；床要安全可靠，增加舒适感，减缓疲劳感。属于贮存类家具的柜、橱、架等，要有适宜贮存相应物品的空间，并便于存取。家具设计应以人体工程学作为指导，使家具符合人体的基本尺寸，并提高从事相关活动的效率。

3. 为室内物理环境设计提供参数依据

室内物理环境设计主要有室内光环境设计、色彩环境设计、声环境设计、热环境设计等。

（1）室内光环境设计。

室内光环境设计采用自然采光和人工照明两种方式。自然采光光线均匀、节能省电。但现代建筑内部空间越来越复杂多样，完全采用自然采光无法满足人们的需要。人工照明则是采用各种发光设备来为空间提供光源，不同灯具的组合方式还可以带来不同的光环境效果。室内照明按照照射范围和效果分为一般照明、局部照明和混合照明，按照明方式分为间接照明、半间接照明、直接照明、漫反射照明、半直接照明、宽光束直接照明和高集光束直接照光。

　　室内照明设计中一个重要的问题是放置眩光。眩光是视野范围内亮度差异悬殊时产生的光晕现象。眩光分为直接眩光、反射眩光和对比眩光三种。直接眩光是由强烈光源直接照射引起的，如电焊光、日光等，眩光与光源的关系见图0-4。反射眩光就是物体的反光，是强光照射光滑的物体表面反射到眼睛形成的。对比眩光是物体与背景明暗反差过大形成的，又称为背景眩光。运用人体工程学对于人眼睛所做眩光角度测试数据，可以在室内光环境设计中尽量避免产生眩光，增加视觉的舒适度。

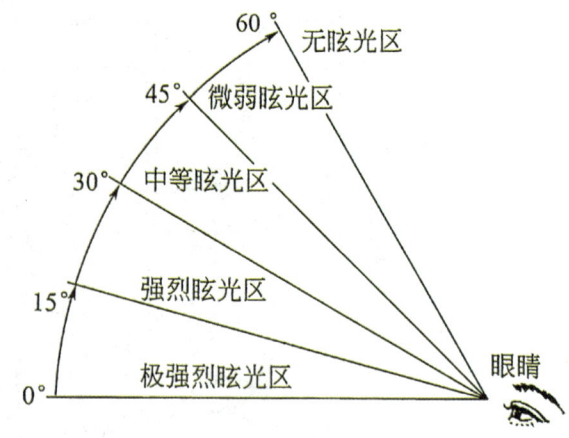

图0-4　眩光与光源的关系

　　（2）室内色彩环境设计。

　　视觉系统受到光的刺激产生色彩的感觉，会根据不同波长产生不同的效果，包括冷暖、远近、胀缩、动静的不同感受和联想。色彩本质上没有感情，但由于人们的年龄、性别、经历、修养、性格、情绪及民族传统、宗教信仰、地区风俗、环境的不同，人们对色彩心理反应也不尽相同，所以不能把色彩的心理反应绝对化。人体工程学通过研究和分析色彩对心理和生理影响，为室内色彩设计提供依据。

　　① 温度感。

　　色彩可以给人温暖的感觉。根据心理感觉，色彩分为暖色、冷色和中性色。暖色给人膨胀、热情、狂野之感，冷色给人开阔、凉爽、通透之感。中性色给人儒雅、睿智、舒适的感觉，见图0-5。

　　② 距离感。

　　距离感指的是色彩给人的进退感觉。同等远近的距离，暖色看上去比冷色显得更近一些，明度高的色彩具有前进、凸出、接近的效果，明度较低的色彩则具有后退、凹进、远离的效果，见图0-6。

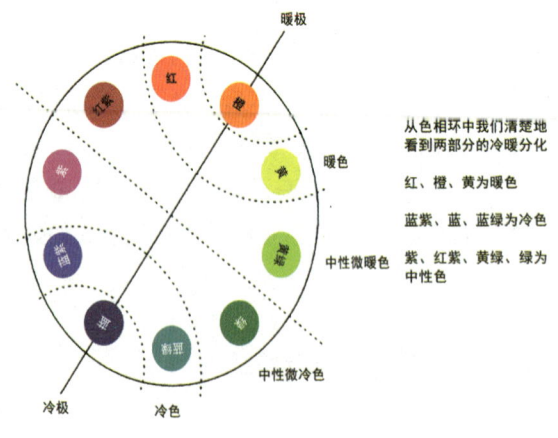

图0-5　冷暖色环

图0-6　色彩的进退

③ 尺度感。

尺度感指的是色彩的膨胀感和收缩感，这不仅与色彩的色相有关，而且与色彩的明度有关。在色彩对比中，暖色和亮色给人的感觉是膨胀，而冷色及暗色给人的感觉是收缩。

④ 重量感。

色彩的重量感主要和明度相关。明亮的色感轻，如白、黄等高明度色；深暗的色感重，如黑、藏蓝等低明度色。明度相同时，饱和度高的比饱和度低的色感轻。就色相而言，冷色轻，暖色重。室内设计中，通常踢脚板用暗色，使之有安定稳重的感觉；顶棚则选用浅色，使空间不会压抑。

（3）声环境设计。

声音是人感知世界的其中一种方式，也是室内设计的要素之一，目的在于营造舒适宜人的生活工作环境，其中重点是防噪声。

① 声音的传播方式。

声音以波的形式在介质中传播。在室内设计领域，介质主要有空气和固体物质。声音通过空气、建筑物的墙壁、地面、天花板等反射、衍射传播，传进人耳。

② 噪声。

广义来说，一切除了能传播信息或有价值的声音外的声音都可以称为噪声。

（4）热环境设计。

人的生活和工作大部分时间在室内，室内环境与人体关系密切。室内环境的热特性是室外气候与内部热源通过建筑围护结构进行热交换与热平衡的结果，体现为室内气温、平均辐射温度、空气湿度、气流速度四个主要物理因素数值的变化。

① 室内气温。

室内气温是表现室内热环境的主要指标，是影响人体舒适度的主要因素。空气温度在 25℃，脑力劳动者的工作效率最高，感觉较为舒适。国务院法制办颁布的《民用建筑节能条例》规定，除特殊用途外，夏季室内空调温度设置不得低于 26℃，冬季室内空调温度设置不得高于 20℃。

② 平均辐射温度。

平均辐射温度是室内热辐射指标，取决于空间周围表面温度。研究表明，为保持室内空间人的热舒适状态，空气温度与周围墙体温度的差值不得超过 7℃。

③ 空气湿度。

空气湿度直接或间接影响人体的舒适感，室内相对湿度较大时会造成建筑内部空间潮湿、阴冷，甚至会出现结露现象。

④ 气流速度。

室内空气流动性低时，室内环境得不到有效的通风换气。室内空气应保证一定的气流速度，通风顺畅有利于散热散湿，提高室内的热舒适度。

项目一
人体测量与应用

学习任务 一　人体测量

教学目标

（1）专业能力：了解人体测量的内容和方法，掌握人体尺寸的选用方式。

（2）社会能力：参与教学互动，与老师和同学进行有效沟通，学习、运用测量方式开展测量活动，并学以致用。

（3）方法能力：知识理解能力，测量及数据统计的能力。

学习目标

（1）知识目标：了解人体测量的内容、方法，以及人体测量数据的处理。

（2）技能目标：能够通过测量获得人体尺寸数据，并进行数据分析和处理。

（3）素质目标：具备一定的人体测量的知识和技能，了解人体工程学与人体测量的关系。

教学建议

1. 教师活动

教师通过案例分析与知识点讲解，指导学生进行技能实训。

2. 学生活动

（1）主动学习，课前预习，初步了解所学知识，并把知识点与身边的事物结合理解。

（2）课堂上积极参与互动，完成课堂练习并消化所学知识。

一、学习问题导入

人体测量数据是室内设计与家具设计的重要基础数据。室内空间、家具各部位的尺寸设计都需要根据人体尺寸的基础数据进行精细化设计。使用的时候才能让人更舒适，并提高工作效率。本次学习任务主要学习人体测量的基本知识，从人体测量学的发展历程、人体测量的内容、人体测量的工具和方法、人体测量数据的统计和处理、人体尺寸的分类与差异几个角度进行分类讲解。

二、学习任务讲解

1. 人体测量学的发展历程

人体测量学 (anthropometry) 是人类学的一个分支学科。主要研究人体测量和观察方法，通过人体整体测量与局部测量来探讨人体的特征、类型、变异和发展。系统的人体测量方法是 18 世纪末西欧的科学家创立的，最早从事人体测量研究的是法国的道本顿 (Daubenton) 和荷兰的凯伯 (Camper)。19 世纪末人类学家开始研究人体测量方面的国际统一标准，以便统一人体测量方法。德国人类学家马丁 (Martin) 在这方面做出了卓越的贡献，他编著的《人类学教科书》，详述了人体测量方法，至今仍为各国人类学家所采用。

在这以前，人类早就开始探索人体测量这门学科。公元一世纪，罗马建筑师维特鲁威从建筑学的角度对人体尺寸进行了比较完整的论述：人体基本以肚脐为重心，当人挺直身体，双手侧向平伸，平伸长度恰好是身高；双手和双腿恰好落在以肚脐为圆心的圆周上。按照维特鲁威的描述，

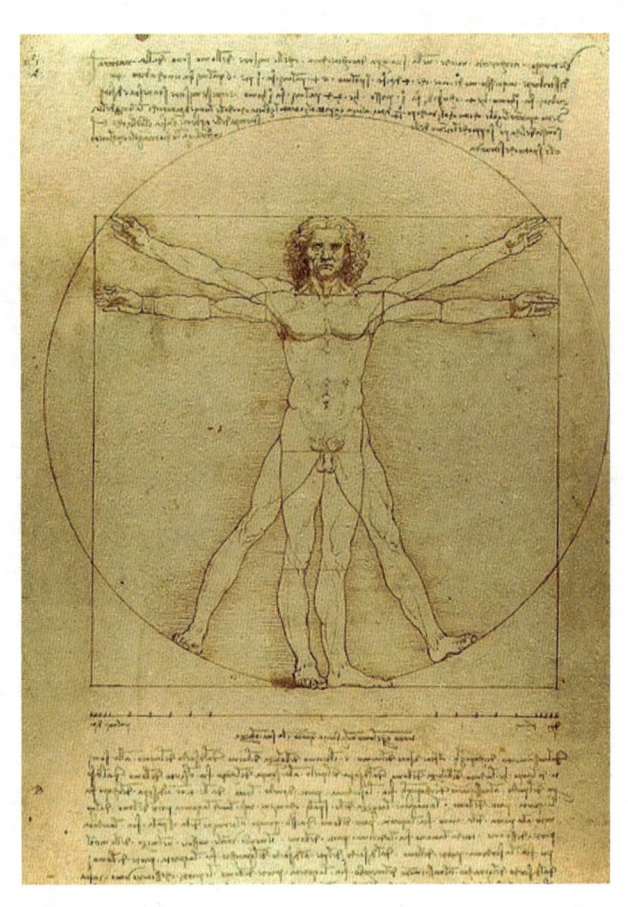

图 1-1 人体比例图 （达·芬奇 作）

文艺复兴时期的艺术家、工程师达·芬奇创作了著名的人体比例图，见图 1-1。我国战国时期经典的医学专著《黄帝内经》中，也记载了许多人体测量的内容。

文艺复兴以后，许多数学家、艺术家对人体的尺寸进行了大量的研究，积累了大量的人体测量数据，但是大多数都是从美学的角度来进行研究，并没有把人体测量运用到生活和生产中。第一次世界大战中，随着空军的产生和发展，人们才意识到人体测量数据是航空工业产品设计的重要依据。第二次世界大战后，随着航空和军事工业的飞速发展，相应的工业产品对人体测量的数据有了更高的需求，从而推动了人体测量学的研究和发展。之前用于军事工业的研究成果运用到民用产品的设计上，人体测量学也逐渐在生产生活中得到运用和发展。

人体测量研究过程中，要得到一定范围内的人体各部位尺寸的数据，是一项非常繁重的工作。最早在 1919 年，美国就对十万退役军人进行了人体各部位尺寸的测量，同时美国的卫生、教育和福利部门还对全国 18 ~ 79 岁不同年龄、不同职业的人员进行测量。国家技术监督局在 1988 年颁布了《中国成年人人体尺寸》(GB 10000-1988)，是我国人体工程学设计的基础数据。

2. 人体测量的内容

人体测量的数据分为两种，一是静态测量数据；二是动态测量数据。

人体测量的主要内容分为形态测量、运动测量和生理测量。

（1）形态测量。

形态测量即测量人体长度、形体、体积、表面积等尺寸，得出的数据一般称为人体结构尺寸。

（2）运动测量。

运动测量即测量人体关节的活动范围和肢体的活动空间，得出的数据一般称为人体功能尺寸。

（3）生理测量。

生理测量即测量人的生理现象，例如人体的疲劳测定、皮肤的触觉范围测定、肌肉的出力方向及大小的测定等。生理测量是人体测量的重要环节。

3. 人体测量的工具和方法

在国家标准化管理委员会颁布的文件《人体测量仪器》（GB/T 5704—2008）中列出，采用的人体测量仪器有测高仪、人体测量用直角规、弯角规、三角平行规、坐高仪、量足仪、角度计、软卷尺、磅秤等。

人体测量的方法主要有丈量法、摄像法、问卷法、自控和遥感测试法四种。

（1）丈量法。

丈量法指的是用传统的测量工具来测量人体的结构尺寸，如用测高仪来测量人体的身高、眼高、肘高等，用卷尺或卡尺来测量手掌宽度、手指长度等人体细节部位。

（2）摄像法。

摄像法指的是用摄像机或照相机作投影测量，见图1-2。摄像法的使用要注意两点，一是投影板上要标有清晰刻度，一般是 10cm×10cm 的方格，每个方格又分成 1cm×1cm 的小方格；二是摄像机离被测对象身高10倍距离以上，尽量减少透视造成的测量误差。相对于丈量法，摄像法的效率更高，但测量的数据会存在一定的误差。

（3）问卷法。

问卷法是通过问卷调查的方法来收集数据。问卷法除了可以收集简单的人体尺寸以外，更重要的是可以收集个人对产品主观的想法，如桌子材质和颜色的喜好、椅子软硬程度和舒适性等。

（4）自控和遥感测试法。

自控和遥感测试法是一种用自动控制系统和遥感仪器测量的方法，用于测量人体对外物的相互作用力和人体生理机能数

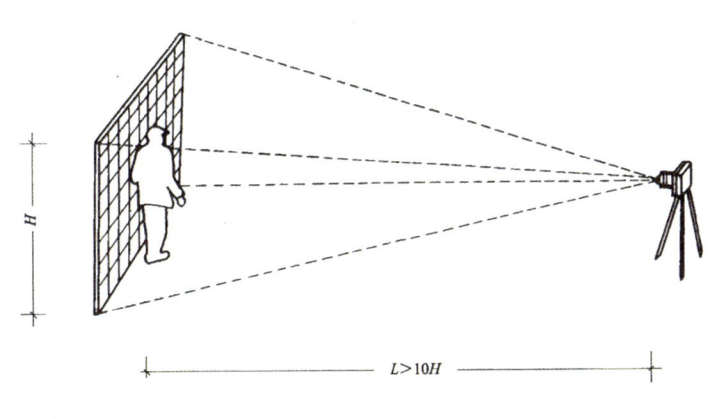

图1-2 摄像法测量

据。如测量人体坐姿或睡姿对承重物件的压力，需要自动控制系统；测量人体心率、呼吸频率、血压等在不同状态和环境下的变化，需要遥感仪器。

4. 人体测量数据的统计和处理

为了得到设计师所需要的群体尺寸，需要对人体测量获得的原始数据进行统计和处理，从而得出能反映群体特征的测量数据。一般人体测量数据的统计和处理依据平均值、标准差、百分位三个主要参数。

（1）平均值。

平均值即平均数、算术平均数、均值，该数值可以概括地表现测量数据的集中趋势，是设计的基本尺寸参考数值。

（2）标准差。

标准差表示整体数据距平均值的离散程度。标准差越大，表示个体数据差别大，离平均值远；标准差越小，表示个体数据差别少，离平均值近。该数值建立在平均值的基础上，在设计当中作为调整量使用。一般情况下，产品设计不可能适用于所有人，标准差的统计一般只能按一部分人的尺寸进行，这部分数据占整体数据的一部分。这部分数据的分布被称为适应度，也叫满足度。

（3）百分位。

统计学表明，任意一组特定对象的数据，其分布规律符合正态分布规律，即大部分属于中间值，只有一小部分属于过大或过小的值，它们分布在范围的两端。虽然人体尺寸数据并不完全是正态分布，但通常仍可使用正态分布曲线来近似计算，以人体测量尺寸作为横坐标 x，将各值出现的频数作纵坐标 $f(x)$，可得出正态分布曲线，见图1-3。

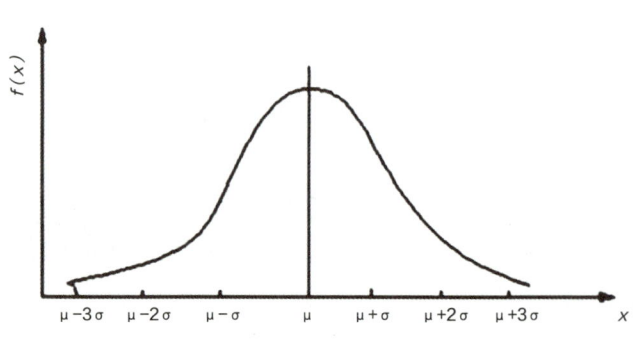

图1-3 正态分布曲线

人体测量中，由于个体和群体的差异，人体尺寸数据存在一定变化，设计时基本不用平均值作为标准，而是使用从最小值为起点的某一范围内的最大值作为标准，而这个范围内最大值的百分点，就是百分位。百分位表示具有某一人体尺寸和小于或等于该尺寸的人占统计对象总人数的百分比，见图1-4。以身高为例，我国成年女子身高尺寸的第95百分位数为165.9cm，它表示我国成年女子中95%的人的身高低于或等于165.9cm，如果某项设计需要满足95%成年女子的身高时，取165.9cm作为参考数据。

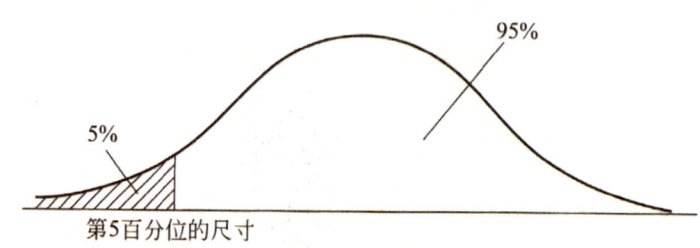

图1-4 第5百分位的尺寸表示的意义

在设计中百分位的运用有三个基本原则：

一是够得着的尺寸一般选用第5百分位的尺寸，如公交车和地铁上的扶手，第5百分位的人摸得到、够得着，第95百分位的人一样能使用。

二是容得下的尺寸一般选用第95百分位的尺寸，如座椅的宽度、通道的高度，个子高大的人能使用，个子小的人会使用得更加舒适。

三是常用的尺寸一般使用第50百分位的尺寸，如门锁、门把手等，第50百分位的尺寸适用于大部分的人。但是，第50百分位数不是平均值，它是一个接近平均值的一个数值。

5. 人体尺寸的分类

人体尺寸分为人体结构尺寸和人体功能尺寸两类。

（1）人体结构尺寸。

人体结构尺寸是指静态的人体尺寸，它是人体处于固定的状态下测量得出的人体尺寸数据。

（2）人体功能尺寸。

人体功能尺寸是指动态的人体尺寸，是人在进行某项功能活动时肢体所能达到的空间范围，它是人体在动态的状态下测量得出的人体尺寸数据，是由关节活动或转动所产生的角度与肢体的长度协调产生的范围尺寸。

6. 人体尺寸的差异

（1）种族差异。

不同的国家、不同的种族，因为地理环境、生活习惯和遗传特质的差异，人体尺寸的差异是十分明显的，见表 1-1。

表 1-1 2018 年部分国家与地区人体身高平均值及标准差

（单位：cm）

国家或地区	性别	平均值	标准差
美国	男	175.5（市民）	7.2
	女	161.8（市民）	6.2
	男	177.8（城市青年 1986 年资料）	7.2
俄罗斯	男	177.5（1986 年资料）	7.0
日本	男	165.1（市民）	5.2
	女	154.4（市民）	5.0
	男	169.3（城市青年 1986 年资料）	5.3
英国	男	178.0	6.1
法国	男	169.0	6.1
	女	159.0	4.5
德国	男	175.0	6.0
意大利	男	168.0	6.6
	女	156.0	7.1
加拿大	男	177.0	7.1
西班牙	男	169.0	6.1
比利时	男	173.0	6.6
波兰	男	176.0	6.2
匈牙利	男	166.0	6.4
捷克	男	177.0	6.1
非洲地区	男	168.0	7.7
	女	157.0	4.5

（2）世代差异。

现今人们的生长加快是一个值得关注的问题，子女一般比父母长得高，这个问题在总人口的身高平均值上可以得到证实。

（3）年龄差异。

人体尺寸随着年龄变化最明显的是青少年期。在人体尺寸增长的过程中，女子在18岁结束，男子在20岁结束，30岁才最终停止增长。此后，人体尺寸会随着年龄的增大而缩减，体重和宽度尺寸会随着年龄的增大而增大。一般情况，青年人会比老年人高一些，老年人会比青年人重一些，不同年龄人体的高度见图1-5。

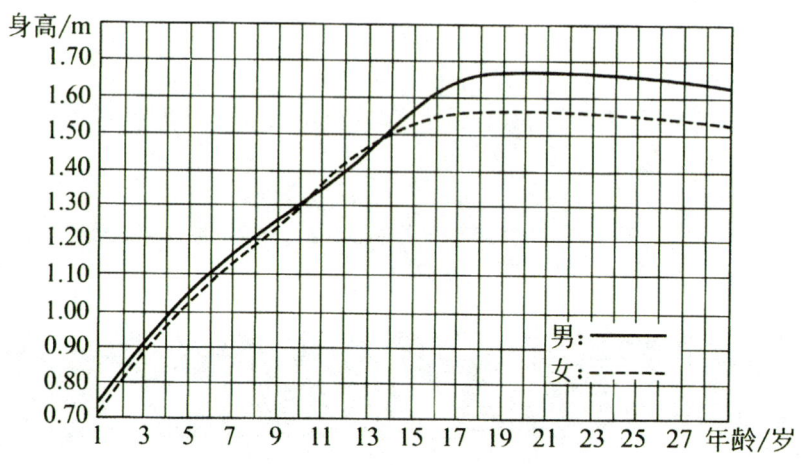

图1-5 不同年龄人体的高度

（4）性别差异。

在人的生长周期里面，10岁以前男女的人体尺寸差别是很小的。在设计中，这个年龄段的数据基本可以共用。男女的人体尺寸明显差别是从14岁开始，一般女子的身高比男子矮10cm。妇女与身高相同的男子相比，身体比例有明显的区别，妇女臀部较宽，肩膀较窄，躯干比男子长。

（5）残疾人。

残疾人在群体中占有一定比例。在产品设计中，应适当考虑残疾人的行为习惯，其中在轮椅设计和无障碍设计中体现最为明显。

三、学习任务小结

人体工程学是建立在心理学、工程学、生物工程学、统计学、生理学、运动学、人体测量学等多个学科领域之间的综合性学科，人体工程学的前提和基础就是人体测量学。只有在参照大量的人体尺寸数据的基础上才能更好地进行相关的室内设计、家具设计和产品设计。在学习中不仅要了解测量的方法，更重要的是了解数据的处理和特点，这样才能更好地将数据应用于设计领域。

四、布置作业

使用摄像法测量本班同学的手掌尺寸，要求在A4纸上画满1cm×1cm的小格，放上手掌拍照，依据所拍照片标出手掌长度和宽度、各手指的长度。汇总测量获得的尺寸，选择画出手掌或手掌部位的正态分布曲线。

学习任务 二 **人体尺寸应用**

教学目标

（1）专业能力：了解百分位应用的基本原则，熟悉常用人体尺寸在设计领域的应用。

（2）社会能力：能通过观察、测量、分析等方式进一步了解人体尺寸与设计的关系，增强对设计的合理性的判断能力。

（3）方法能力：知识理解能力，人体尺寸数据与产品尺寸数据的转换能力。

学习目标

（1）知识目标：百分位的运用以及人体测量的数据在设计领域的应用。

（2）技能目标：能够判断人体尺寸选用的百分位。

（3）素质目标：学会运用人体尺寸的知识去分析设计。

教学建议

1. 教师活动

积极调动学生的兴趣和学习的主动性，教学中从正反两个角度对知识点进行对比讲解，选用身边合理的设计和不合理的设计进行分析。

2. 学生活动

主动学习，积极互动，理论联系实际。学习过程中运用设计案例分析法了解人体尺寸在设计领域应用方式。

一、学习问题导入

人体测量数据不能直接用于设计，因为人体尺寸不等于产品的功能尺寸。如何选用人体尺寸？如何将人体尺寸转化成产品设计的功能尺寸？人体测量是一个严谨、细致、逐步演算的过程。本次学习任务将从常用的人体尺寸数据入手，梳理人体尺寸数据，重点讲解常用人体尺寸在设计中的应用。

二、学习任务讲解

1. 百分位的运用

百分位是人体测量的专业术语，是确定人体尺寸分布值的方法。百分位表示具有某一人体尺寸和小于等于该尺寸的人占统计对象总人数的百分比。以第 5 百分位、人体身高尺寸为例，表示有 5% 的人身高等于或小于该尺寸。

设第 5 百分位和第 95 百分位，第 5 百分位表示身材较小的，有 5% 的人低于此尺寸；第 95 百分位表示高，即有 5% 的人高于此值。

在设计上满足所有人的要求是不可能的，但必须满足大多数人。所以必须从中间部分取用能够满足大多数人的人体尺寸数据作为依据，因此一般都是舍去两端，只涉及中间 90%、95% 或 99% 的人，排除少数人。应该排除多少取决于排除的结果情况和经济效果。

在设计中，百分位的运用有如下五个基本原则。

（1）最大准则。

最大准则是指产品的尺寸依据人体测量数据的最大值进行设计。由人体最大高度、宽度决定的物体，例如门、入口、通道、座面的宽度、床的长度、担架等，其尺寸应以第 95 百分位的尺寸数值为依据。如果能满足大个子的需要，小个子自然没问题。用最大准则设计产品时，它可以满足 95% 的人的需要。

（2）最小准则。

最小准则是指在产品的尺寸依据人体测量数据的最小值来进行设计。由人体某一部分决定的物体，例如公交车和地铁上的扶手，腿长、臂长决定的座面高度和手所能触及的范围等，其尺寸应以第 5 百分位的尺寸数值为依据，若小个子够得着，大个子自然没问题。应用最小准则设计产品时，它可以满足 95% 的人的需要。

（3）平均准则。

平均准则是指应以人体平均尺寸为依据来进行设计，目的不在于确定界限，而在于决定最佳范围。以第 50 百分位人体尺寸为依据，即以体型中等的人的人体测量数据为准，这种方法照顾到了大多数人。学校的课桌高度、门铃、插座和电灯开关的安装高度以及付账柜台高度就要以平均准则来设计。需要强调的是，第 50 百分位数值不是人体尺寸数据的平均值，但它可能是一个接近平均值的数值。

（4）特殊准则。

特殊准则是指如果以第 5 百分位或第 95 百分位为限值会造成界限以外的人员使用不适，且有损健康和造成危险时，尺寸界限应扩大至第 1 百分位和第 99 百分位，如紧急出口的直径应以第 99 百分位的数据为准，使用者与紧急制动杆的距离以及栏杆间距应以第 1 百分位数据为准。

（5）可调节准则。

可调节准则是指结合不同的功能需求，把家具设计成尺寸可调节的形式，也就是通过增加产品的尺寸范围来满足不同体形的人的需要，扩大其使用范围，使大部分人的使用更合理，如可调高度书桌椅见图1-6。

图1-6 可调高度书桌椅

2. 常用人体尺寸

我国成年人常用人体结构尺寸见表1-2～表1-5。

表1-2 2018年中国成年人立姿主要尺寸

（单位：mm/kg）

年龄分组	男（18～60岁）							女（18～55岁）						
百分位 项目	1	5	10	50	90	95	99	1	5	10	50	90	95	99
身高	1543	1583	1604	1678	1754	1775	1814	1449	1484	1503	1570	1640	1659	1697
体重	44	48	50	59	71	75	83	39	42	44	52	63	66	74
上臂长	279	289	294	313	333	338	349	252	262	267	284	303	308	319
前臂长	206	216	202	237	253	258	268	185	193	198	213	229	234	242
大腿长	413	428	436	465	496	505	523	387	402	410	438	467	476	494
小腿长	324	338	344	369	396	403	419	300	313	319	344	370	376	390

表 1-3 2018 年中国成年人坐姿主要尺寸

（单位：mm）

年龄分组	男（18～60岁）							女（18～55岁）						
百分位 项目	1	5	10	50	90	95	99	1	5	10	50	90	95	99
眼高	1436	1474	1604	908	947	958	979	1337	1371	1388	1454	1522	1541	1579
肩高	1244	1281	1299	1367	1435	1455	1494	1166	1195	1211	1271	1333	1350	1385
肘高	925	954	968	1024	1079	1096	1128	873	899	913	960	1009	1023	1050
手功能高	656	680	693	741	787	801	828	630	650	662	704	746	757	778
会阴高	701	728	741	790	840	856	887	648	673	686	732	779	792	819
胫骨点高	394	409	417	444	472	481	498	363	377	384	410	437	444	459

表 1-4 2018 年中国成年人水平主要尺寸

（单位：mm）

年龄分组	男（18～60岁）							女（18～55岁）						
百分位 项目	1	5	10	50	90	95	99	1	5	10	50	90	95	99
坐高	836	858	870	908	947	958	979	789	890	819	855	891	901	920
坐姿颈椎点高	599	615	624	657	691	701	719	563	579	587	617	648	657	675
坐姿眼高	729	749	761	798	830	847	868	678	695	704	739	773	783	803
坐姿肩高	539	557	566	598	631	641	659	504	518	526	556	585	594	609
坐姿肘高	214	228	235	263	291	298	312	201	215	223	251	277	284	299
坐姿大腿厚	103	112	116	130	146	151	160	107	113	117	130	146	151	160
坐姿膝高	441	456	464	493	523	532	549	410	424	431	458	485	493	507
小腿加足高	372	383	389	413	439	448	463	331	342	350	382	399	405	417
坐深	407	421	429	457	486	494	510	388	401	408	433	461	469	485
臀膝距	499	515	524	554	585	595	613	481	495	502	529	561	570	587
坐姿下肢长	892	921	937	992	1046	1063	1096	826	851	865	912	960	975	1005

表 1-5　2018 年中国成年人着装功能尺寸

（单位：mm）

年龄分组	男（18～60岁）							女（18～55岁）						
百分位 项目	1	5	10	50	90	95	99	1	5	10	50	90	95	99
胸宽	242	253	259	280	307	315	331	219	233	239	260	289	299	319
胸厚	176	186	191	212	237	245	261	159	170	176	199	230	239	260
肩宽	330	344	351	375	397	403	415	304	320	328	351	371	377	387
最大肩宽	383	398	405	431	460	469	486	347	363	371	397	428	438	458
臀宽	273	282	288	306	327	334	346	275	290	296	317	340	346	360
坐姿臀宽	284	295	300	321	347	355	369	295	310	318	344	374	382	400
坐姿两肘间距	353	371	381	422	473	489	518	326	348	360	404	460	478	509
胸围	762	791	806	867	944	970	1018	717	745	760	825	919	949	1005
腰围	620	650	665	735	859	895	960	622	659	680	773	904	950	1025
臀围	780	805	820	875	948	970	1009	795	824	840	900	975	1000	1044

3. 常用人体尺寸在设计中的应用

（1）身高。

身高是指人身体垂直站立、眼睛向前平视时从脚底到头顶的垂直距离，见图 1-7。身高用于确定通道、门、床、担架等的高度和长度。一般建筑规范规定的和成批生产预制的门和门框高度适用于 99% 以上的人，所以这些数据对于确定人头顶障碍物高度尤为重要。需要注意的是，表 1-3 中列举的身高数据是在不穿鞋袜时测量的，故在使用时应适当增加。

身高应该选用高百分位数据。顶棚高度一般不是关键尺寸，设计者应考虑尽可能地适应 100% 的人。

（2）立姿眼高。

立姿眼高是指人身体垂直站立、眼睛向前平视时从脚底到内眼角的垂直距离，见图 1-8。立姿眼高用于确定在展厅、商场、货柜等处人的视线设计，主要将广告或展品设置于立姿眼高范围内，可以更好地强化视觉注意力。此外，还可以用于确定屏风和开敞式办公室隔断的高度。

立姿眼高百分位的选择取决于空间场所的性质。例如空间场所对私密性要求较高，那么所设计的隔离高度就与较高人的眼睛高度密切相关（第 95 百分位或更高），反之设计问题是允许人看见隔断里面，则隔断高度应考虑较矮人的眼睛高度（第 5 百分位或更低）。

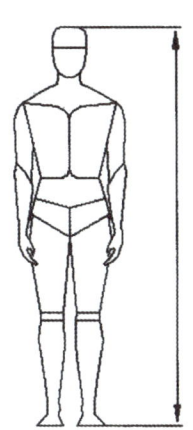

图 1-7　身高

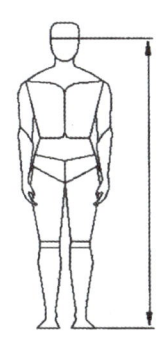

图 1-8　立姿眼高

（3）坐姿眼高。

坐姿眼高是指人取坐姿时，内眼角到座椅表面的垂直距离，见图1-9所示。当视线是设计问题的重心时，确定视线和最佳视区需要用到坐姿眼高尺寸，这类设计对象包括剧院、礼堂、影视厅、客厅、教室和其他有良好视听条件的室内空间。在具体应用时还应该考虑头部和眼睛的转动范围、座椅软垫的弹性、座椅面距地面的高度和可调节座椅的调节范围。坐姿眼高应选择第95百分位数据。

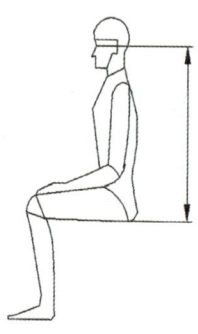

图1-9 坐姿眼高

（4）坐高。

坐高是指人挺直坐着时座椅坐面到头顶的垂直距离，见图1-10。用于确定座椅上方障碍物的允许高度。在布置双层床或进行创新的节约空间设计时（例如火车卧铺空间的高度设计）要根据坐高尺寸来确定高度。确定办公室、餐厅或酒吧的低隔断也要用到坐高尺寸。坐高的百分位选择由于涉及间距问题，采用第95百分位数据比较合适。

（5）坐姿肩高。

坐姿肩高是指人取坐姿时，从肩峰点至椅面的垂直距离，见图1-11。坐姿肩高数据大多用于家具靠背的尺寸设计。另外，在设计私密要求较高的空间时，这个数据有助于确定妨碍视线的障碍物的高度。坐姿肩高的百分位选择由于设计间距问题，一般使用第95百分位的数据。

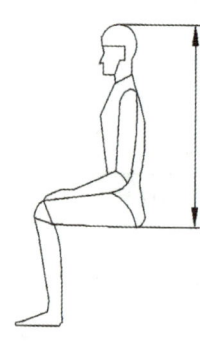

图1-10 坐高

（6）最大肩宽。

最大肩宽是指人肩两侧三角肌外侧的最大水平距离，见图1-12。肩宽数据可用于确定环绕桌子的座椅间距和影剧院、报告厅、会议室的排椅座位间距，也可用于确定室内通道的宽度。使用最大肩宽数据时要考虑衣服的厚度，对厚衣服要增加7.9cm，对薄衣服要增加7.6cm。最大肩宽百分位选择由于涉及间距问题，应使用第95百分位数据。

（7）坐姿两肘间宽。

坐姿两肘间宽是指两肘弯曲、自然靠近身体、前臂平伸时两肘外侧面之间的水平距离，见图1-13。坐姿两肘间宽数据可用于会议桌、餐桌、柜台和棋牌桌的尺寸设计，其百分位选择由于涉及间距问题，应使用第95百分位数据。

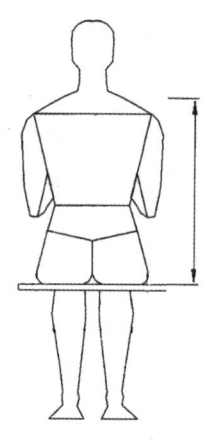

图1-11 坐姿肩高

（8）坐姿臀宽。

坐姿臀宽是指臀部最宽部分的水平尺寸。一般坐着测量这个尺寸，坐着测量的尺寸要比站着测量的尺寸大一些，见图1-14。坐姿臀宽数据可以用于椅子内侧尺寸设计，对吧椅和办公座椅的尺寸设计也极为重要，其百分位选择应使用第95百分位数据。

（9）肘高。

肘高指从脚底到人的肘关节处的垂直距离，见图1-15。肘高数据用于确定站着使用的工作台面的舒适高度，如柜台、厨房案台和门把手的高度。这些台面最舒适的高度是低于肘高7.6cm。另外，休息平面的高度应该低于肘高2.5～3.8cm。在肘高数据的百分位选择上，假定工作面高度

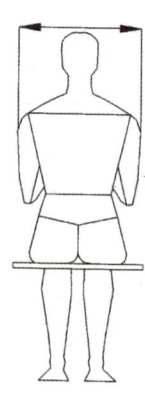

图1-12 最大肩宽

确定为低于肘高约 7.6cm，那么从 96.5cm（第 5 百分位数据）到 111.8cm（第 95 百分位数据）这样一个范围都将适合中间的 90% 的男性使用者。考虑到第 5 百分位的女性肘部高度较低，这个范围为 88.9cm（第 5 百分位数据）到 111.8cm（第 95 百分位数据）才能对男女使用者都适应。

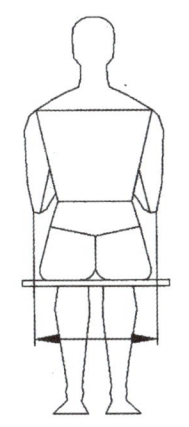

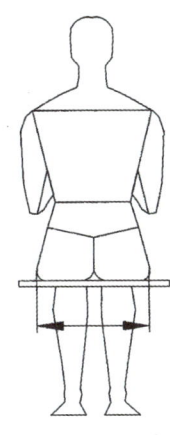
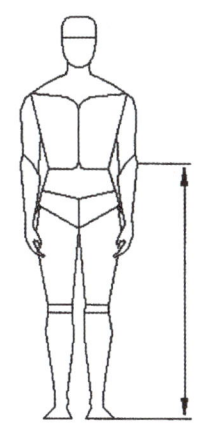

图 1-13 坐姿两肘间宽　　　　　图 1-14 坐姿臀宽　　　　　图 1-15 肘高

（10）坐姿肘高。

坐姿肘高是指座椅坐面到肘部尖端的垂直距离，见图 1-16。主要用于确定椅子扶手、工作台、书桌、餐桌和其他特殊设备、设施的高度。坐姿肘高的设计目的是使手臂得到舒适的休息。在其百分位选择上选择第 50 百分位左右的数据是很合理的，在许多情况下，这个高度在 14～28cm 之间，这样的范围可以适合大部分使用者。

（11）坐姿大腿厚。

坐姿大腿厚是指从座椅面到大腿与腹部交接处的大腿端部之间的垂直距离，见图 1-17。坐姿大腿厚数据是设计柜台、书桌、会议桌、家具及其他一些室内设备的关键尺寸，因为这些设备都需要把腿放在工作面下方。特别是有直拉式抽屉的工作面，要使大腿与腿上方的障碍物之间有适当的活动空间。坐姿大腿厚度数据在百分位选择上应使用第 95 百分位数据。

（12）坐姿膝高。

坐姿膝高是指从脚底到膝盖骨中点的垂直距离，见图 1-18。坐姿膝高数据是确定从地面到书桌、餐桌、柜台地面距离的关键尺寸，尤其是需要把大腿部分放在家具下面的情况。坐着的人与地面之间的靠近程度，决定了膝盖高度和大腿厚度是否是关键尺寸。坐姿膝高数据的百分位选择因为要考虑活动间距，故应使用第 95 百分位数据。

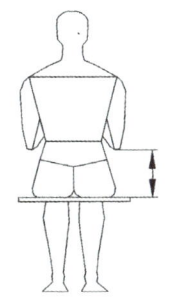
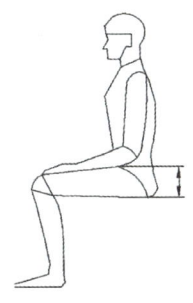

图 1-16 坐姿肘高　　　　　图 1-17 大腿厚度　　　　　图 1-18 坐姿膝高

（13）小腿加足高。

小腿加足高是指人挺直身体坐着时，从脚后跟到膝窝（腿弯）的垂直距离。测量时膝盖与脚踝垂直方面对正，大腿底面与膝窝接触座椅坐面，见图1-19。小腿加足高数据是确定座椅坐面高度的关键尺寸，尤其对于确定座椅前缘的最大高度更为重要。其百分位选择应选用第5百分位的数据，因为如果座椅太高，大腿受到压力会使人感到不舒服。座椅高度能适应矮个子的人，就一定能适应高个子的人。

（14）坐深。

坐深是指臀部最后面到小腿最后面的水平距离，见图1-20。坐深这个数据常用于座椅的深度尺寸设计中，其百分位选择应选用第5百分位的数据，这样能适应大多数使用者。

（15）臀膝距。

臀膝距是指臀部最后面到膝盖骨最前面的水平距离，见图1-21。臀膝距数据用于确定椅背到膝盖前方的障碍物之间的适当距离，例如影剧院、报告厅和公共汽车中的固定座椅与通道之间的间距设计。其应当选用第95百分位数据。

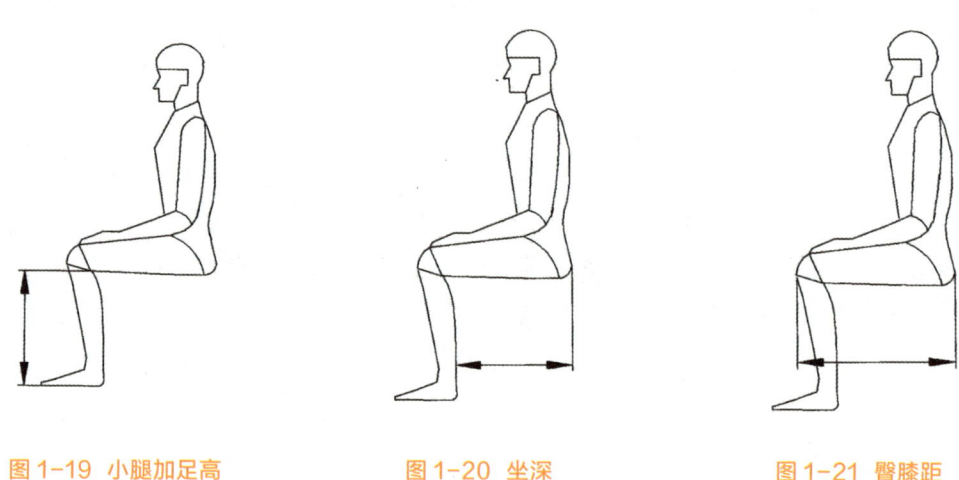

图 1-19 小腿加足高   图 1-20 坐深   图 1-21 臀膝距

（16）臀部至足尖长度。

臀部至足尖长度是指从臀部最后面到前脚趾尖端的水平距离，见图1-22。臀部至足尖长度数据用于确定椅背到足尖前方的障碍物之间的适当距离，例如影剧院、报告厅和公共汽车中的固定座椅与通道之间的间距设计。其应当选用第95百分位数据。

（17）垂直手握高度。

垂直手握高度是指人站立、手握横杆，使横杆上升到人感到不舒服或拉得过紧的位置为止，从脚底到横杆顶部的垂直距离，见图1-23。垂直手握高度可用来确定开关、拉杆、书架、货架等最大高度。其百分位选择由于涉及伸手够东西的问题，如果采用高百分位的数据就不能适应大多数人，所以设计的出发点应基于适应矮个子的人，选择第5到第10百分位之间数据较为适合。

（18）侧向手握距离。

侧向手握距离是指人站立、右手侧向平伸握住横杆，一直伸展到人感到不舒服或拉得过紧的位置时，人体中线到横杆外侧面水平距离，见图1-24。侧向手握距离数据有助于设备设计人员确定控制开关等装置的位置，还可以用于医院、实验室等特定场所的设计。如果使用者是坐着的，这个尺寸可能会稍有变化，但仍能用于确定人侧面的书架的位置。其百分位选择应适应大多数人，所以选用第5百分位数据。

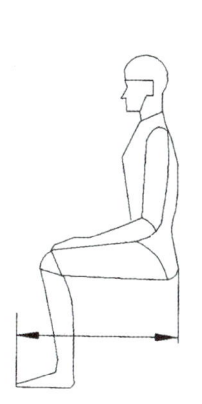
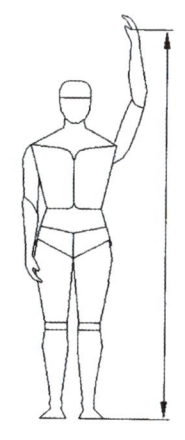
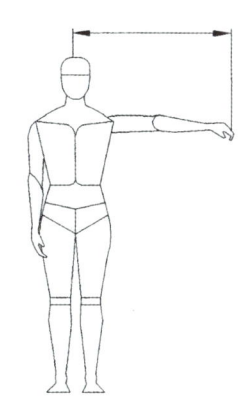

图 1-22 臀部至足尖长度　　　　图 1-23 垂直手握高度　　　　图 1-24 侧向手握距离

（19）向前手握距离。

向前手握距离是指人肩膀靠墙垂直站立，手臂向前水平伸直，这时从墙到食指稍的水平距离，见图 1-25。有时人们需要穿越某种障碍物去拿一个物体或者操纵设备，向前手握距离数据可用来确定障碍物的最大尺寸。其百分位选择选用第 5 百分位数据，能适应大多数人。

（20）坐姿时垂直伸够高度。

坐姿时垂直伸够高度是指人坐直手向上伸直时，座椅面到手掌中段的垂直距离，见图 1-26。坐姿时垂直伸够高度数据可以用于确定头顶上方控制开关和书架、文件柜的位置及高度。其百分位选择选用第 5 百分位数据，能适应大多数人。

（21）最大人体厚度。

最大人体厚度一般为胸（或腹）部厚度，见图 1-27。最大人体厚度数据可以用于在较紧张的空间里考虑间隙尺寸或排队场合下所需的尺寸。其百分位选择选用第 95 百分位数据，能适应大多数人。

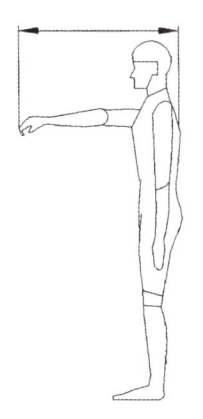
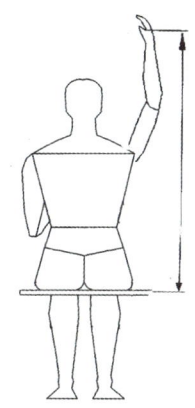
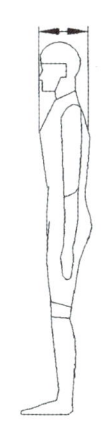

图 1-25 向前手握距离　　　　图 1-26 坐姿时垂直伸够高度　　　　图 1-27 最大人体厚度

（22）眼至头顶的高度。

眼至头顶的高度是指眼睛至头顶的高度，见图1-28。眼至头顶的高度数据可以用于确定电影院、阶梯报告厅等场所前后排座位间的高差。其百分位选择选用第95百分位数据，能适应大多数人。

（23）手功能高。

手功能高是指人站立手臂下垂时，手心离地面的距离，见图1-29。手功能高数据主要应用于楼梯扶手的高度，一般楼梯扶手高于手功能高100mm以上。其百分位选择选用第50百分位数据，能适应大多数人。

（24）会阴高。

会阴高是指人站立时，会阴部离地面的距离，见图1-30。会阴高数据可以用于确定栏杆的高度，其百分位选择选用第95百分位数据，能适应大多数人。

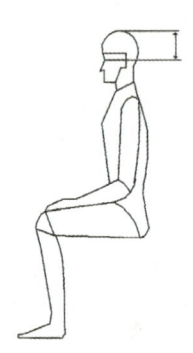
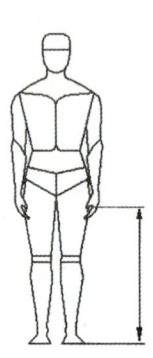
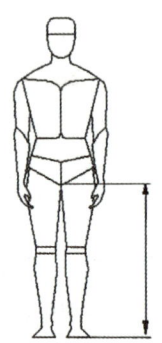

图1-28 眼至头顶的高度　　　　图1-29 手功能高　　　　图1-30 会阴高

4. 产品功能尺寸的设定

产品功能尺寸设定分为最小功能尺寸和最佳功能尺寸，最小功能尺寸指的是为了保证产品的某项功能而设定的产品最小尺寸。最佳功能尺寸指的是为了方便、舒适地实现产品的功能而设定的产品尺寸。国家标准《在产品设计中应用人体尺寸百分位数的通则》（GB/T 12985-1991）中，规定了对产品的最小功能尺寸和最佳功能尺寸的设定。

产品最小尺寸 = 人体尺寸百分位数 + 功能修正量

产品最佳尺寸 = 人体尺寸百分位数 + 功能修正量 + 心理修正量

式中，功能修正量是指为了保证实现产品的某项功能，而对产品尺寸设计依据的人体尺寸百分位数所作的尺寸修正量。心理修正量是为了消除空间压抑感、恐惧感或为了追求美观等心理需要而作的尺寸修正量。

三、学习任务小结

人体工程学中人体尺寸在设计中的运用和百分位的选择是本次学习任务的重点，在学习常用人体尺寸及应用的基础上，同学们要联系生活中的各种家具、用具进行分析，通过实践检验理论，同时，不断更新和完善人体工程学数据。

四、布置作业

测量同学的身高、立姿眼高、坐姿眼高、坐姿肩高、最大肩宽、坐姿臀宽、坐姿肘高、坐姿膝高、坐深、垂直手握高度10项数据，并收集汇总全班数据，统计出第5百分位、第50百分位、第95百分位的数据。

项目二
凭倚类家具功能尺寸设计

学习任务一 凭倚类家具调研

学习任务二 课桌椅设计

凭倚类家具调研

教学目标

（1）专业能力：了解凭倚类家具的功能和分类，掌握工作面设计、作业姿势及斜面作业与凭倚类家具功能尺寸的关系。

（2）社会能力：根据凭倚类家具功能尺寸对家具进行功能分析，具备提出合理使用及改善作业环境的能力。

（3）方法能力：凭倚类家具功能尺寸的分析和应用能力。

学习目标

（1）知识目标：凭倚类家具的分类、作业姿势与工作面设计的关系以及凭倚类家具的功能尺寸。

（2）技能目标：根据凭倚类家具的功能尺寸对人体的作业姿势、工作效能的影响，优化凭倚类家具功能尺寸设计。

（3）素质目标：通过凭倚类家具功能尺寸的学习及应用，提高设计中作业效能和人体健康的意识。

教学建议

1. 教师活动

教师展示与分析凭倚类家具功能尺寸设计要点，并通过课堂示范测量数据，做到理论与实践相结合。

2. 学生活动

通过学习测量凭倚类家具功能尺寸，对凭倚类家具的尺寸有清晰的了解。在学习过程中通过测量及数据对比，掌握凭倚类家具功能尺寸设计的应用。

一、学习问题导入

凭倚类家具尺寸不标准、不科学，会导致作业姿势异常，从而造成脊椎劳损。因此掌握凭倚类家具功能尺寸与人体尺寸的关系，对室内设计和家具设计尤为重要。

二、学习任务讲解

1. 凭倚类家具的分类

凭倚类家具结构的一部分与人体有关，另一部分与物体有关，主要供人们倚凭、伏案工作，同时也兼有收纳物品功能，包括台桌类家具和几架类家具。

（1）台桌类家具有写字台、办公台、工作台、会议桌、餐台（桌）、梳妆台、电脑台、课桌等，还有为站立活动而设置的售货柜台、收银台、讲台、陈列台、操作台等，见图2-1。

（2）几架类家具，包括茶几、条案、花几（架）等。这类家具的基本功能是满足人在坐、立状态下进行各种操作活动时取得相应舒适而方便的辅助条件，并兼作放置或贮存物品之用。因此，它与人体动作有直接的尺度关系。一是以人坐下时的坐骨支承点（通常称椅座高）作为尺度的基准，例如茶几、床头柜等，统称为坐式几架类家具。二是以人站立的脚后跟（即地面）作为尺度的基准，例如条案、花几（架）等，统称站立用几架类家具，见图2-2。

图 2-1 台桌类家具

图 2-2 几架类家具

2. 工作面设计

工作面是指工作时人的手伸展活动所能控制的活动面。无论是坐着工作还是站立工作，都存在一个最佳工作面高度的问题。工作面的高度决定人工作时的身体姿势。工作面过高，人不得不抬肩作业，超过其松弛位置，易引起肩、胛、颈等部位疼痛性肌肉痉挛；工作面太低，人在作业时不得不弯腰，引起腰酸背疼。因此，工作面高度对作业效率及肩、颈、背和臀部的疲劳影响很大。值得注意的是，工作面高度不一定是桌面高度，因为工作物件是有高度的。

（1）工作面高度设计原则包括以下几点。

① 应使臂部自然下垂，处于合适的放松状态，前臂一般应接近水平状态或略下倾斜，任何情况都不应使前臂上举过久，以避免疲劳，提高工作效率。

② 不应使脊柱过度屈曲。

③ 若在同一工作面内完成不同性质的工作，工作面高度应设计成可调节型。

④ 应按百分位数设计，身材矮小的人可通过加高椅面和使用垫脚台配合使用。

⑤ 如果工作面高度可调，其调节范围应满足多数人使用的要求，可将高度调节至适合操作者身体尺寸的位置。

（2）工作面高度设计主要考虑因素包括以下几点。

① 肘部高度。

工作面高度可以由人体肘部的高度来确定，由于不同人的肘部高度是不一样的，所以使用一个固定数值来设计工作面高度显然是不合理的。因此，设计时应考虑使前臂接近水平状态或略下倾斜。

② 能量消耗。

当工作面高度低于肘部时，随着工作面高度的下降，人体的能量消耗增加较快，这是由于人体自身的重量造成的。例如有人对烫衣板高度与工作人员生理方面的关系进行了实验研究。实验中使用了人的能量消耗、心跳次数、呼吸频率等指标。多数测试者选择距肘部以下150mm烫衣板。如果把烫衣板置于距肘部以下250mm，多数测试者呼吸频率明显增加。

③ 作业技能。

工作面的高度影响作业技能，在身体前倾，肘部自然放下，手部弯曲成直角时，作业速度最快，即这个作业面高度最有利于技能作业，见图2-3。作业技能主要以速度和精准度为标准，此外也要考虑疲劳和单调作业两个因素。

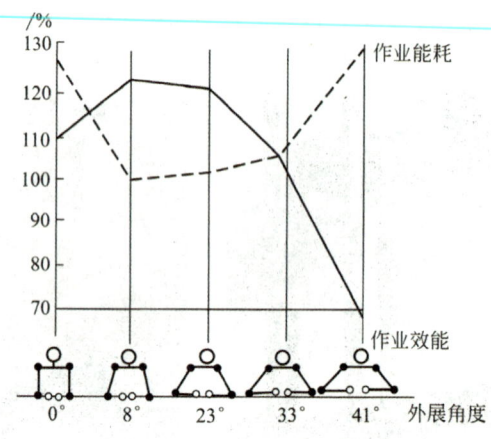

图2-3 作业姿势对作业效能和作业能耗的影响

④ 头的姿势。

作业时人的视觉注意的区域决定头的姿势。头的姿势要舒服，视线与水平线的夹角应在所规定的范围内。坐姿时，视线与水平线的夹角为32°～44°。站姿时，视线与水平线的夹角为23°～34°。作业时，只要头部是垂直或稍向前倾斜，颈部都不会感到疲劳。

3. 作业姿势

工作面的高度设计按基本作业姿势可以分为三类，即站立作业、坐姿作业以及坐立交替式作业。

（1）站立作业。

站立工作时，工作面的高度决定了人的作业姿势。一般情况下，前臂以接近水平状态或略向下倾斜的作业面高度为佳。此外，作业性质也影响工作面高度设计，见图2-4。

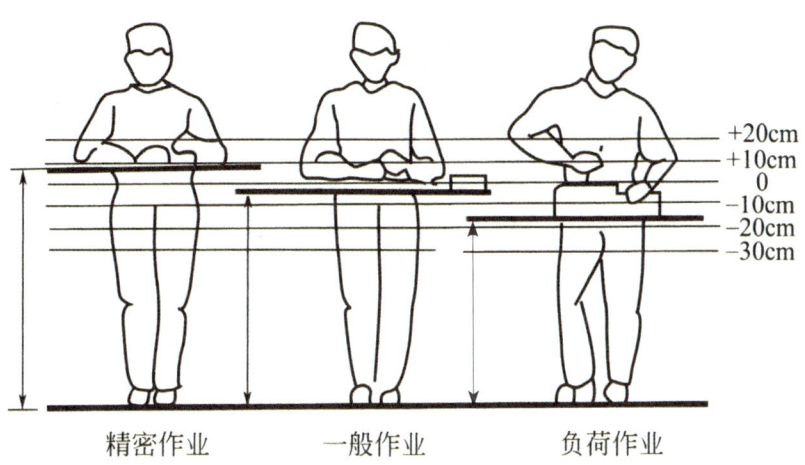

图 2-4 站姿工作面高度与作业性质的关系

对于精密作业，工作面应上升到肘部以上5～10cm，以适应眼睛的观察距离。同时，肘关节起到一定的支撑作用，以减轻背部肌肉的静态负荷。对于一般作业，站立作业的最佳工作高度为肘部以下5～10cm。对于负荷作业，还应考虑加工物件的大小和操作时用力的大小。加工物件越大，工作台面越低。操作需要用力的工作面也应设计得低一些，这样便于发力。此时工作面应降到肘部以下15～40cm，见图2-5。

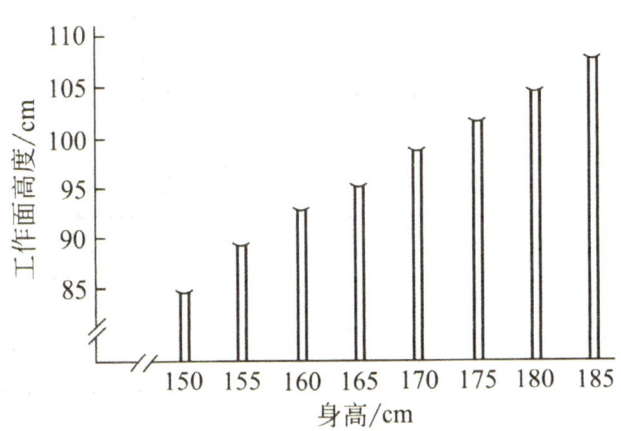

图 2-5 负荷作业身高与作业面高度关系

（2）坐姿作业。

对于一般的坐姿作业，作业面的高度在肘部以下 5～10cm 比较合适，见图 2-6。桌子的高度是设计时必须考虑的基本尺寸，也是保证人使用桌子时舒适的首要条件。桌子过高或过低，都会使背部、肩部肌肉紧张而产生疲劳。对于正在成长发育的青少年来说，不合适的桌面高度会影响他们的身体健康，严重的话还会引起脊柱弯曲和眼睛近视等问题。

桌子的适宜高度应满足当身体坐正，两手撑平放在桌面上的时候，不必弯腰。使用这一高度的桌子，可以减轻因长时间伏案工作而导致的腰酸背痛。桌子高度应与椅子高度保持一定的比例关系。在实际应用中桌子的高度通常参照座高来确定，就是将座面高度尺寸加上桌子和椅子之间的高度差所得的数据。如果用 H 表示桌面高度，H_1 表示座面高度，H_2 表示桌椅高度差，则 $H=H_2+H_3$，见图 2-7。

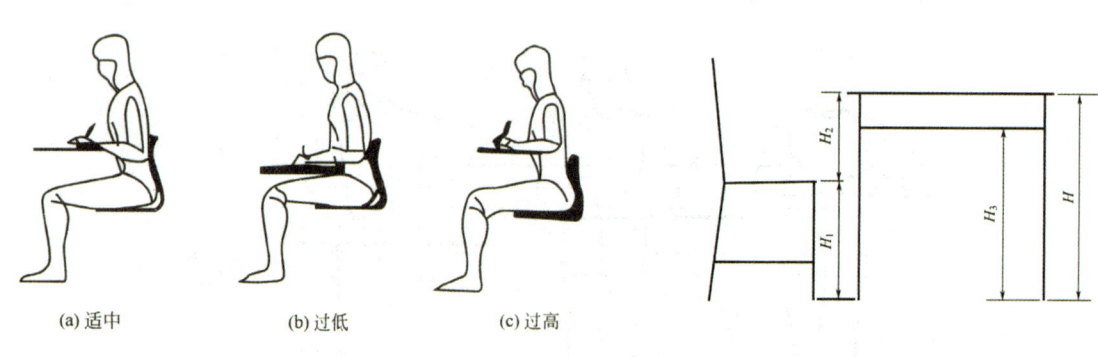

图 2-6 桌子的适宜高度　　　　　图 2-7 桌面高度示意图

我国国家标准家具设计规范中对桌面高、座面高和桌椅高差有明确规定。标准中规定桌面高度尺寸 H 为 680～760mm，椅凳类家具的座面高度 H_1 为 400～440mm，桌面和椅面配套使用的桌椅高差 H_2 应控制在 250～320mm。

适宜的桌椅高度使人在坐姿时保持两个基本垂直：一是当两脚平放在地面时，大腿与小腿能够基本垂直，这时左面前沿不能对大腿下平面形成压迫；二是当身体自然下垂时，上臂与前臂基本垂直，这时桌面高度应该刚好与前臂下平面接触。这样就可以使人保持正确的坐姿和书写姿势。如果桌椅高度搭配不合理，会直接影响人的坐姿，不利于身体健康。

坐姿作业时不仅要关注桌椅高度，而且要关注桌椅宽度，桌椅宽度的设计需要了解人体的水平作业域。水平作业域是指人在台面上左右运动手臂而形成的轨迹运动区域。水平作业域可以分为最大作业域和通常作业域。最大作业域是以肩峰为轴，上肢完全伸直做回转运动所包括的范围；通常作业域是以上臂靠近身体，曲肘，前臂平伸做回转运动所包括的范围，见图 2-8。

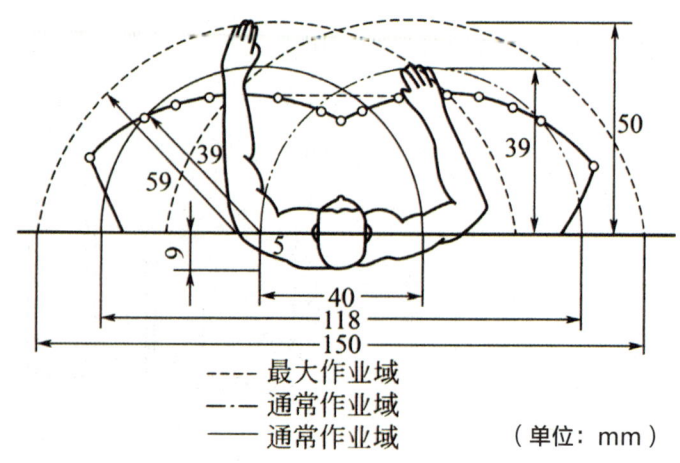

- - - - 最大作业域
—·—· 通常作业域
———— 通常作业域

（单位：mm）

图 2-8 手的水平作业域

人在工作时，经常使用的操作器具都配置在作业域内，从属的作业工具配置在最大作业域内。桌面宽度尺寸包括桌面的宽度和深度。一般情况下，桌面宽度取决于肩宽和人在坐姿状态下上肢的水平活动范围。桌面的深度主要以人在坐姿状态下上肢的水平活动范围作为依据。

对于两人面对面使用或并排使用的桌子，应该考虑两人的活动范围，可以适当加宽、加深桌面。对于办公桌宽度设计，为了避免相互干扰，还可以在两人之间设置半高的挡板，以遮挡视线。多人并排使用的桌子，应该考虑每个人的动作幅度而将桌面加长。

坐姿作业时还要关注桌面倾角的问题，桌面倾角指的是桌面与水平面之间的夹角。有倾角的桌面有利于保持躯干的自然姿势，避免躯干弯曲过度，能改善作业者身体姿势。躯干的运动减少，颈部弯曲减少，从而减轻疲劳感和不适感。同时，有倾角的桌面还有利于视觉活动。倾角桌面的设计多用于阅览室、课室等学习场所，既方便书写，也有利于阅读。

坐姿作业时需要关注容脚空间。桌台类家具台面下方到支撑面有一块空间用于人坐姿时腿部和足部的摆放，这块空间称为容脚空间。坐姿作业使用的桌台留出容脚空间，可以保证使用者有足够的脚的活动空间，使双腿可以伸进桌下自由活动，此时，腿能够适当移动或交叉这样对血液循环是有利的。如果桌下没有提供容脚空间，会导致下肢不自然的姿势，见图2-9。

图2-9 桌下没有容脚空间

容脚空间设计时要注意以下几点。

① 容脚空间的高度。

坐姿时容脚空间的高度取决于与桌类家具配套使用的座椅高度和使用者的大腿厚度。要保证容脚空间能舒服地放下双腿，必须保证坐姿时大腿的最高点在此空间内有足够的区域放置，并留有一定的活动余量。活动余量一般为20cm，即容脚空间的高度应大于小腿加足高、大腿厚度和预留活动余量之和。如果容脚空间不合理，会直接影响人的坐姿，不利于使用者的健康。桌面下如果设置抽屉，则抽屉的底部不应触及膝部，应留有一定空隙，抽屉下沿到座面的高度应考虑大腿厚度和预留空间。

② 容脚空间的深度。

容脚空间的深度指桌下的纵深尺寸。人在坐姿时小腿可以绕膝关节前后转动，脚也可以绕脚踝关节转动，以保持舒适的姿态。桌类家具的容脚空间要保证腿部的舒适和一定的活动度，即需要保证小腿最大向前伸时仍然有足够的空间放置人的小腿和脚部。容脚空间的深度可以根据腿部伸长距离和关节角度来计算。

③ 容脚空间的宽度。

容脚空间的宽度指的是桌下横向的尺寸。容脚空间宽度的设计不仅要保证人稳定地坐在座椅上时感到舒适，还要预留人在坐姿和立姿之间转换时需要的空间。对于单柜桌和双柜桌，中间净空宽应不小于520mm。对于梳妆桌，中间净空宽不小于500mm。这都是为了保证人在使用时双腿能够有足够的活动空间。

（3）坐立交替式作业。

坐立交替式作业是指作业者在作业区域内，可坐也可站立。当作业者操作对象分布范围较大需要变化工作场地，或者加工对象比较精密时，一方面要求作业者坐立交替式操作，另一方面要求作业者随时执行别的任务，应采用坐立交替式作业。

坐立交替式操作的视觉工作条件必须设计在舒适的实现范围内，避免由于头的姿势不自然而引起的颈部肌肉疼痛。坐姿缓解了站立时人的下肢肌肉负荷，而站姿可以放松因为坐姿而引起的肌肉紧张，长时间保持单一姿势会导致肌肉的疲劳和疼痛，所以坐立之间的交替可以缓解部分肌肉的负荷。

4. 斜面作业

在实际工作中，头的姿势很难保持在舒服的范围内。例如最常见的在书桌上写字阅读时，为了能看得更清楚，往往会低头，如果头的倾角超过舒适范围，就会破坏正常的颈部弯曲，长时间会引起颈部肌肉疼痛。为了解决这个问题，出现了作业面倾斜的设计形式。在某些经常需要阅读、书写等作业的桌面的设计上对台面的倾角做一些改动，使形式工作面与水平面形成一定的角度，可以改善工作时低头的问题，见图2-10。

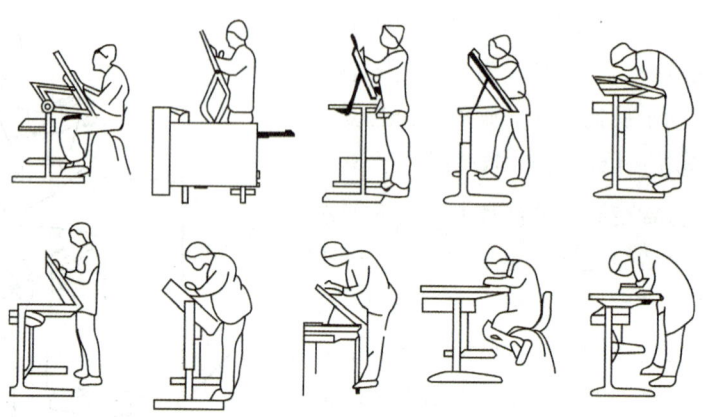

图 2-10 桌面角度与人体姿态的关系

从学生使用课桌对姿势影响的研究中发现，当台面倾斜12°～24°时，人的姿势比较自然，躯干的移动幅度小。与水平作业相比，疲劳感与不适感会减少。研究表明，对于视觉作业来讲，倾斜工作面好于水平工作面。工作面倾斜15°后，头颈的弯曲度减少，躯干的弯曲度也相应减少，见图2-11。

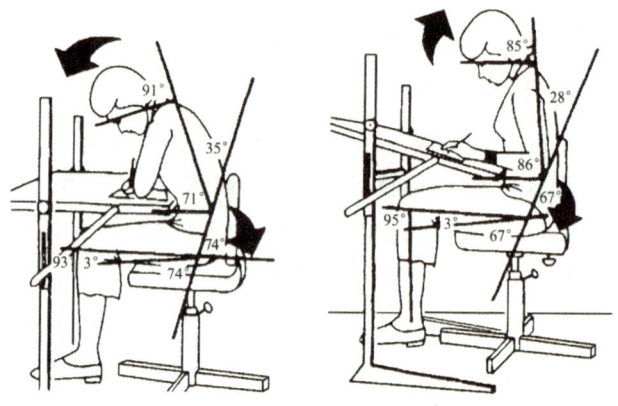

图 2-11 水平工作面与工作面倾斜15°对身体的影响

三、学习任务小结

凭倚类家具功能设计有两个关键的知识点：一是工作面高度，二是作业姿势。这也是衡量凭倚类家具设计是否合理的重要标准之一。在设计中要依据凭倚类家具各部位的尺寸要求，结合实际，以人为本，符合人的使用需求。

四、布置作业

测量课室讲台的各项尺寸数据，通过人体尺寸和作业姿势两个方面对讲台的功能尺寸进行合理性的分析。

学习任务 二 **课桌椅设计**

教学目标

（1）专业能力：依据人体活动的规律和课桌椅的功能尺寸，合理设计课桌椅。

（2）社会能力：主动学习，从人体工程学的角度提出课桌椅设计改进的设想，并与老师、同学有效交流。

（3）方法能力：收集课桌的各项尺寸，根据人体工程学原理设计课桌。

学习目标

（1）知识目标：掌握课桌椅的基本功能、材料结构、功能尺寸，以及设计方法。

（2）技能目标：运用课桌椅的功能尺寸和人体作业域的知识解决课桌椅设计中的各种尺寸问题。

（3）素质目标：自主学习，积极收集资料及测量统计，表达自己的学习成果。

教学建议

1. 教师活动

根据课程需要，收集相关资料，引导学生主动学习。在教导过程中加入测量、收集数据和数据分析的学习体验，指导学生进行专业实训。

2. 学生活动

（1）了解课室使用的课桌椅尺寸，实操测量课桌椅尺寸，构建课桌椅设计的基本知识框架。

（2）通过测量及数据对比，掌握课桌椅设计的各项要点。

（3）总结和归纳所学知识，从材料结构和功能尺寸两方面进行课桌椅设计的优化。

一、学习问题导入

在教学活动中，学生主要是坐着听老师讲课，伏在桌子上阅读、绘画、写字，完成老师布置的作业。不管是听老师讲课或者做作业，还是适当的休息，都离不开课桌椅。课桌椅的合理设计可以促进学生身体的健康。本次课，我们就一起来学习课桌的设计。

二、学习任务讲解

1. 目前我国课桌椅使用现状

（1）课桌椅尺寸与人体生理参数存在不匹配现象。

目前，国内小学分为 6 个年级，学生年龄段为 6 ~ 12 周岁。在这个年龄阶段，身体尺寸跨度明显，而且同龄的学生身体尺寸差距较大，这就对课桌椅的结构和尺寸提出了较高的要求。然而，目前国内绝大部分小学各年级学生使用的仍是同一种型号的课桌椅，见图 2-12。这就导致很多课桌椅的尺寸与人体生理参数不匹配，因此学校最好选用与人体生理参数匹配的可调节课桌椅，见图 2-13。

图 2-12 小学常用课桌椅

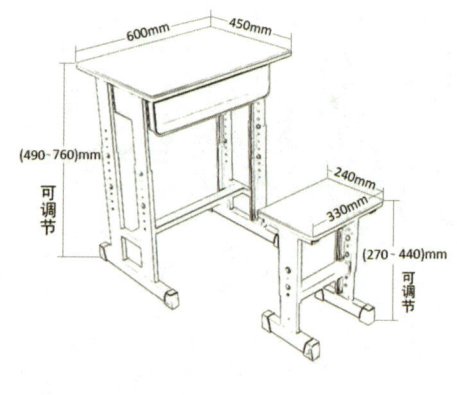

图 2-13 课桌椅参数匹配（单位：mm）

（2）课桌椅使用舒适性差。

目前，国内绝大多数小学的课桌椅使用木制或硬性塑料的硬质性材料，而且结构设计较为单一，不符合人体工程学，学生长时间使用很容易产生疲劳感。如何设计出符合人体工程学原理的课桌椅是急需解决的问题。

（3）课桌椅功能过于单一。

目前，大多数学校使用的课桌椅都只能满足学生坐、读、写、画等基本需求。随着学生学习过程的日渐复杂，课桌椅的尺寸、高度、倾斜角度、空间大小都无法满足学生更高的学习要求，因此需要对课桌椅进行全方位的优化设计，见图 2-14。

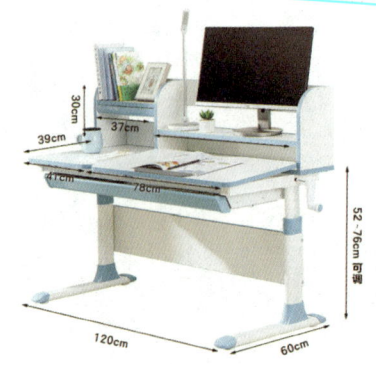

图 2-14 多功能书桌（单位：mm）

2. 课桌椅的功能尺寸设计

（1）桌面高度。

课桌椅设计首先考虑的因素是课桌椅的高度。桌面过高，容易引发近视；桌面过低，容易导致脊柱弯曲、颈椎疼痛，还容易使腹部受到挤压，影响呼吸系统和血液的流动，影响学生的身体健康。确立桌面高度要考虑以下 3 个因素：

① 在保证不影响其他功能尺寸的同时，通过桌面高度让使用者获得合理的视距。

② 桌面高度应尽量与使用者坐姿的肘高尺寸相一致，以方便使用者进行无障碍书写。

③ 桌面以下要留有足够的腿部活动空间，以避免腿部活动局促，方便使用者变换姿势，以免长期处于同一姿势产生疲劳感。一般来说，桌下的空间高度应高于两腿交叠时的膝高，并使膝部有一定的上下活动余地。

（2）桌面尺寸及倾角。

课桌椅桌面尺寸主要依据使用者的人体尺寸数据确定，同时考虑学习用品的大小尺寸和使用环境空间的大小等因素。目前，我国小学学校使用的课桌椅表面多为水平，这种单一的设置无法满足多方面的使用需求。例如，当学生阅读时，桌面最好有一定的倾角，倾角以 45° 为宜，这样既能保证头自然下垂时拥有良好的阅读视线，又能有效保护颈椎；当学生书写、绘画时，桌面倾角可以减小至 12°～15°，这样可以保证在流畅书写的同时拥有广阔的视角。当需要将课桌椅拼接在一起使用时，桌面最好为水平面。因此，课桌椅面最好设计为角度可以调节的结构，以满足不同的使用需求，见图 2-15。

图 2-15 可调节角度的课桌

3. 座椅尺寸

课桌和座椅是配套使用的，因此，座椅尺寸必须和课桌椅尺寸相匹配，同时兼顾使用者的人体尺寸数据，以保证舒适度。

国家质量监督检验检疫总局发布的最新标准《学校课桌椅功能尺寸及技术要求》（GB/T 3976-2014）中，对中小学课桌椅的尺寸与选用范围作出了明确规定，见表 2-1，购置课桌椅的型号参数表 2-2。

表 2-1 中小学校课桌椅的尺寸　　　　　　　　　　　　　　　　（单位：mm）

尺寸名称	1号	2号	3号	4号	5号	6号	7号	8号	9号	10号
桌面高(h_1)	760	730	700	670	640	610	580	550	520	490
桌下净空高1(h_2)	≥630	≥600	≥570	≥550	≥520	≥490	≥460	≥430	≥400	≥370
桌下净空高2(h_3)	≥490	≥460	≥430	≥400	≥370	≥340	≥310	≥280	≥250	≥220
桌下净空深1(t_1)	400									
桌下净空深2(t_2)	≥250									
桌下净空深3(t_3)	≥330									
桌面宽(b_1)	单人用600，双人用1200									
桌下净空宽(b_2)	单人用≥440，双人用≥1040									

表 2-2 学校购置课桌椅的型号参数

学校	选用范围	选用型号数量
高中	1、2、3、4 号	一或两种型号，不超过三种
初中	2、3、4、5、6 号	至少两种型号（四年制至少三种）
小学	4、5、6、7、8、9、10 号	至少三种型号

4. 课桌椅的材料和结构选用原则

（1）课桌椅材料的选择。

课桌椅一般使用的材料有木材、金属、塑料、合成材料等。课桌椅不同部位的功能和要求不同，所选择的材料不能千篇一律，要针对不同部位的功能差异选择不同的材料。如桌面和座椅面板可以选用柔性好的木材、塑料；桌脚和椅脚可以选用硬性的钢材、金属等。

（2）结构和材料要求。

小学生使用的课桌椅在结构和材料性能要求方面，除了要考虑材料的适用性外，还应考虑材料的使用寿命、强度、硬度等物理机械性能。结构方面应具有较强的稳固性，从而最大限度避免危险的发生。这主要是因为小学生自我控制能力较差，容易人为地对课桌椅造成损坏。

根据国家的相关规定，课桌椅的结构和材料的机械性能要通过静态负荷、疲劳负荷、功能负荷、非功能负荷等测试，具体测试方法可参照国家质量监督检验检疫发布的标准《家具力学性能试验》(GB/T10357.1-2013)。

（3）色彩的设计原则。

色彩是课桌椅的基本构成要素之一，如果运用得当，不但能起到丰富造型、优化功能的作用，还能缓解疲劳，使心情愉悦，提高学习效率。课桌椅作为一个组合，通常出现在一个固定的空间中。因此，课桌椅的色彩不但要符合学生的审美特点，同时还要考虑可能出现的多种不同色彩，并将它们进行调和，还要使其与教室周围环境色彩相匹配。

三、学习任务小结

课桌是学校教学设备中最主要的一部分，一般要求整洁大方，符合经济效益，但更重要的是要健康、实用。学生是国家的未来，健康成长是学习的前提，课桌椅设计时应该把尺寸要求放在第一位。

四、布置作业

测量课室讲台的各项尺寸数据，通过人体尺寸和国家标准两个方面对课桌椅的功能尺寸进行合理性的分析。

项目三

支撑类家具功能尺寸设计

学习任务一　支撑类家具调研

学习任务二　工作椅设计

学习任务三　幼儿园午休卧具设计

学习任务 一 支撑类家具调研

教学目标

（1）专业能力：掌握支撑类家具的定义、类别，以及家具结构与人体结构和人体活动的关系。了解支撑类家具的常用尺寸，根据人体的基本尺度和心理状态，确定支撑类家具的最优尺寸，为整体家具设计提供依据。

（2）社会能力：关注生活中支撑类家具的功能特点，收集支撑类家具的优秀设计作品，运用人体工程学的知识解析设计作品，并口头表述其设计原理。

（3）方法能力：信息和资料收集能力，设计作品分析、提炼及应用能力。

学习目标

（1）知识目标：支撑类家具的造型构成特征，支撑类家具的功能尺寸。

（2）技能目标：运用人体工程学与支撑类家具之间的关系，创造性地进行支撑类家具设计。

（3）素质目标：大胆、清晰地表述自己对支撑类家具的理解和设计构想，具备团队协作能力和一定的语言表达能力，培养自己的综合职业能力。

教学建议

1. 教师活动

（1）了解学生情况，撰写教案，准备 PPT、视频等多媒体教学课件。讲授支撑类家具起源、功能尺寸，提高学生对支撑类家具的直观认识。指导学生对教学、生活场所的支撑类家具进行测量，鼓励学生创造性地进行支撑类家具的设计。

（2）将思政教育融入课堂教学，引导学生发掘传统支撑类家具中的造型元素，提炼内涵，继承和发扬传统优秀文化，增强民族自豪感。

2. 学生活动

（1）课前活动：完成课前练习，收集支撑类家具的作品图片。

（2）课堂活动：分组进行现场展示讲解图片，绘制设计稿。

（3）课后活动：完成课后总结，进一步完善作品，提交作品。

一、学习问题导入

人站着不如坐着，坐着不如躺着。这是因为人站立时，脊柱承载体重 100% 的压力，而人在躺着时，脊柱承载约体重 25% 的压力。人在站立、行走过程中疲劳了，如果有凳子、椅子这些能够让人坐下来休息，就会缓解人的疲劳感。如果有床、沙发能够让人躺下，那就更加舒适了，这是因为躺着时脊柱承载的压力最小。因此，支撑人体坐、卧的家具在人的休养生息中起着非常重要的作用，与人的活动密不可分。接下来，我们将系统学习这方面的知识。

二、学习任务讲解

直接支撑人体的家具称为支撑类家具，也称为坐卧类家具。支撑类家具是人类历史上最早形成的家具类型之一，是人类在发展演化过程中创造的生活用品之一，是人类告别动物性的行为方式、生活习惯的一种文明行为的物证，也是使用最多、最广泛的一类家具。

支撑类家具包括凳类、椅类、沙发类、床类等。

1. 凳类

凳子是指没有靠背的坐具。凳子在民间的称谓叫杌凳，最初用来踩踏上马、上轿时使用，所以也称为马凳、轿凳。凳类家具的基本形式由支撑体和座面两部分构成，结构简单，使用方便，用途广泛，趋向多功能化发展。如储物凳兼坐具与收纳的功能，换鞋凳将鞋架和坐凳两者完美结合。

（1）凳的分类。

① 按材料可分为竹凳、木凳（图 3-1）、石凳、塑料凳（图 3-2）、玻璃凳等。

② 按形状可分为方凳、圆凳、长条凳（板凳）、鼓凳、T 字凳、工字凳等。

③ 按使用方式可分为非折叠凳、折叠凳。

④ 按用途可分为马凳、画凳、木工凳、钢琴凳、餐凳、换鞋凳、床尾凳等。

图 3-1 可叠加的木凳

图 3-2 塑料儿童凳

（2）常用凳的功能尺寸。

相对于椅子而言，凳子矮小且没有扶手和靠背。根据样式的变化凳子有不同的尺寸，具体表现为以下几类。

① 圆凳尺寸。

圆凳也叫圆杌。在中国古典凳具中，鼓凳，（图3-3）是最富有个性的坐具，圆形，腹部大，造型尤似古代的鼓，故又叫鼓墩。圆凳圆浑的外形暗示着婉转、圆润的处世观，与传统文化中的一些主义理念暗合，所以深受欢迎。经过近千年的演变，目前市面上的圆凳造型相对简约，形态也有大有小，有高有低。一般日常的圆凳凳面尺寸直径为 25～30cm，高度大多为 25～45cm（图3-4），而吧台凳的高度为 60～100cm。

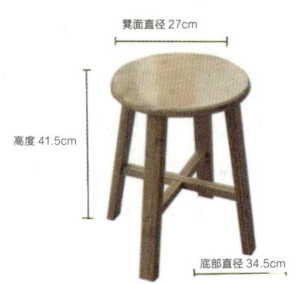

图 3-3 红木五足鼓凳　　　　图 3-4 常用的圆凳尺寸

② 折叠凳的尺寸。

折叠凳是一种可以折叠的凳子，能够节约空间，随身携带，见图3-5。根据材质不同折叠凳可分为塑料折叠凳、木制折叠凳和金属折叠凳。马扎是最常用的一种折叠凳，凳腿交叉，凳面上绑着帆布或绳子、皮条之类，可以折叠、合拢。其外形简约，轻便实用，是外出采风、垂钓等户外活动的必备坐具。马扎一般长为 29～36cm，宽为 23～29cm，高度大多为 25～42cm，见图3-6。

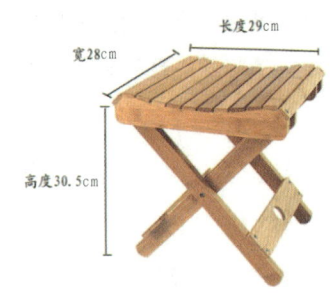

图 3-5 金属折叠凳　　　　图 3-6 木马扎的尺寸

③ 换鞋凳的尺寸。

在玄关处设计换鞋凳可以给人们带来很大的方便，尤其是对腰腿不好的老人、经常穿高跟鞋的女士而言，换鞋凳可以让人优雅又舒适地脱鞋、换鞋。近年来比较流行把换鞋凳、鞋柜和储物柜进行整体设计，这种设计形式整体感更强，适用于较宽的入户走道，见图3-7。另外，也可以在储物柜下方留出空间，放置沙发换鞋凳，使用时将凳子拉出，不用时将凳子放回原位，使其成为鞋柜的一部分，这样视觉上既不会突兀，又有空间设计感，见图3-8。

图 3-7 储物柜换鞋凳　　　　图 3-8 沙发换鞋凳

单体鞋凳的高度参照人体比较舒适的坐高，一般设计两层，尺寸为 38 ~ 45cm，长度可以由个人喜好或根据所能利用的空间来合理选用，一般大于 60cm，宽度可以根据家里最大码的鞋子长度而定，通常尺寸为 30 ~ 40cm，见图 3-9。

④ 方凳尺寸。

方凳的功能尺寸设计要考虑配套的器具和使用环境。如学生用凳高度 45cm，长 34cm，宽 24cm，这是因为使用环境是空间有限的教学场所，故设计尺寸既要满足人体坐姿需要，又要节省空间，见图 3-10。钢琴凳属于方凳的一种，高度为 49cm，长 53cm，宽 32.5cm，见图 3-11。

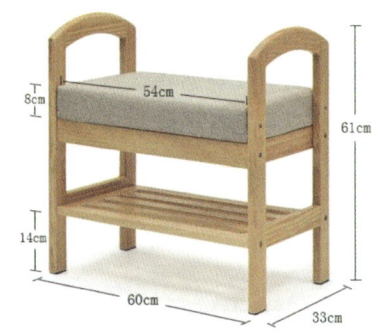

图 3-9 单体鞋凳的常用尺寸

图 3-10 学生用的方凳

图 3-11 钢琴凳

2. 椅类

椅的前身是凳，不同的是其座面以上有靠背和扶手，有扶手的称为扶手椅，没有扶手的称为靠背椅。椅子的名称始见于唐代，椅子诞生之初是权威的物化形式，起到区别使用者的身份、等级的作用，如交椅、太师椅。在等级森严的封建社会，交椅是地位高贵的象征。交椅在厅堂中陈设，有凌驾四座之势以显其地位，表明它的尊贵和崇高。中国古典坐具体现了一种庄重和典雅，彰显着就坐的礼仪，见图 3-12。

圈椅是独具民族特色的椅子。圈椅造型为上圆下方，外圆内方，暗含中国传统文化中的乾坤之说。即乾为天为圆，坤为地为方，外圆内方则是中国传统文化中所崇尚的一种品德。圈椅是一种圈背连着扶手，从高到低一顺而下的椅子，造型圆婉优美，坐靠时可使人的臂膀都倚着圈形的扶手，十分舒适，见图 3-13。

图 3-12 交椅

图 3-13 紫檀木圈椅

椅子作为长时间坐靠的家具，使用非常广泛。种类有办公椅、餐椅、吧椅、休闲椅、躺椅、儿童椅等，常见的材质有实木、铁艺、皮革、布艺、藤制、塑料等。出于健康、生活和环境方面的考虑，现在人们对椅类的造型、结构、材质等方面的要求越来越高，见图3-14和图3-15。

图 3-14 圆点椅
（乔治·尼尔森设计）

图 3-15 蛋椅
（雅克比松设计）

在进行椅子设计时需要通过座高、座深、座宽、座面倾斜度、靠背高度、扶手高度的分析，从而确定椅子的尺寸设计标准。

（1）座高。

适当的座面高度应使大腿保持水平，小腿垂直，双脚平放于地面上。座高太高，则两腿悬空会压迫大腿血管，太低则会引起身体疲劳。实践证明，合适的座高为膝窝至足底高度加上2.5～3.5cm的鞋跟厚，再减去1～2cm的活动余量。即：座高 = 小腿窝高度 + 鞋跟厚度 - 适当间隙。《家具桌、椅、凳类主要尺寸》（GB/T 3326-2016）规定：座高为40～44cm，尺寸级差为1cm。

（2）座深。

座深对人体坐姿的舒适度影响很大，如果椅子座深超过大腿水平长度，人紧贴靠背坐时就会有一定的倾斜度，这时腰部缺乏支撑点而悬空，会加剧腰部的肌肉活动强度而导致疲劳。同时座面过深，使膝窝处产生麻木的反应，不利于起立。我国人体坐姿的大腿水平长度平均值为男性44.5cm、女性42.5cm，保证座面前沿离膝窝约6cm的距离，所以座深为38～42cm较为适宜。

（3）座宽。

椅子座宽根据人的坐姿及动作往往呈前宽后窄的形状，座面的前沿宽度称座前宽，后沿宽度称座后宽。座宽一般不小于38cm，对于有扶手的靠椅来说，要考虑人体手臂的扶靠，以扶手的内宽作为座宽的尺寸，按人体平均肩宽尺寸加上适当的余量，一般不小于46cm，但也不宜过宽，应以自然垂臂的舒适姿态肩宽为准。

（4）座面倾斜度。

人在休息时，坐姿是向后倾靠的，这样可以使腰椎有所承托。因此，一般的座面大部分设计成向后倾斜。座面倾斜度一般为3°～5°，同时椅背也向后倾斜。

（5）座面靠背高度。

靠背的尺寸主要与臀部底面到肩部的高度和肩宽有关。靠背的高度为48～63cm，宽度为35～48cm，倾斜度为3°～5°，相对的椅背也向后倾斜，见图3-16。

（6）扶手高度。

扶手的高度应与座面到人垂直坐立时手肘下端高度相近。扶手上表面到座面的垂直距离以20～25cm为宜。同时扶手前端还应略高一些，随着座面倾角与靠背斜角的变化，扶手倾斜度一般级差为10°～20°。

图 3-16 弧形靠背椅
（伊姆斯设计）

3. 沙发类

（1）沙发的类别。

"沙发"是个外来词，根据英语单词 sofa 音译而来，是一种装有软垫的多座位椅子。沙发由西方早期的榻和软包扶手椅两者结合衍变而来，是早期西方上流社会追求更加舒适的生活方式和沙龙聚会的产物。沙发采用弹性材料（如弹簧或海绵等）作为坐垫，座面则用织物或皮革包裹。沙发形式多样，面料也非常丰富，成为现今室内公共空间中常用的家具之一。

沙发主要有以下几个种类。

① 按照面料分为皮革沙发、布艺沙发（图 3-17）、实木沙发等。

② 按照结构分为金属结构沙发、木结构沙发、人造板材结构沙发等。

③ 按照规格分为单人沙发、双人沙发、三人沙发、组合沙发、沙发床等。

④按照风格分为美式沙发、中式沙发（图 3-18）、欧式沙发、现代沙发等。

图 3-17 布艺沙发　　　　　图 3-18 中式沙发

（2）沙发的常用尺寸。

单人沙发长度一般为 80 ~ 95cm，这样的尺寸坐姿不受限，可自由转身（图 3-19）。座面宽不应小于 48cm，小于这个尺寸时，会感到拥挤。座面的深度为 85 ~ 100cm，座面过浅，会产生悬空的感觉；过深则小腿无法自然下垂，腿部会受到压迫。座面的高度为 35 ~ 42cm，座面过高，腿部悬空，会让人感觉不舒适；座面过低，腿部外倾，支撑点转移到臀部，会增加臀部负重。

双人和三人沙发的座面高度与单人沙发的座面高度基本一致，座面宽度则有相应变化。双人沙发的长度为 50 ~ 126cm，三人沙发的长度为 175 ~ 196cm，见图 3-20。

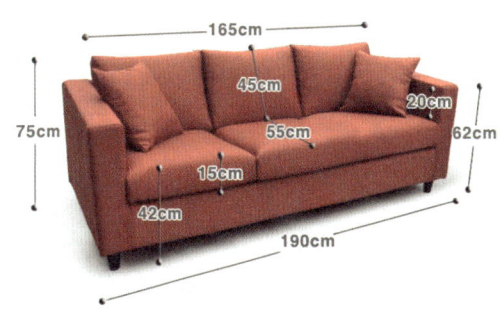

图 3-19 单人沙发　　　　　图 3-20 三人沙发

4. 床类

床是人睡眠休息时使用的家具，属于支撑类家具，有单人床、双人床、折叠床、圆床等类型。床的长度为200～220cm，高度为42～44cm，单人床宽度为90～110cm，双人床宽度为135～180cm。床既是睡具，也可当作坐具，见图3-21和图3-22。

图3-21 双人床

图3-22 圆床

三、学习任务小结

通过本章内容，同学们学习了凳、椅、沙发和床四类支撑类家具的分类和功能尺寸，重点学习了椅子座高、座深、座宽、座面倾斜度、靠背高度、扶手的尺寸。通过本章的学习，同学们对支撑类家具的尺寸有了清晰的了解，在进行支撑类家具设计以及室内家具布置时，可以依据这些数据进行合理的规划。

四、布置作业

1. 设计一款美术生户外写生的坐具。
2. 以圈椅为原型，设计一款新型的家用座椅。

学习任务二　工作椅设计

教学目标

（1）专业能力：掌握工作椅设计的主要依据，根据人体坐姿生理学和坐姿生理力学，确定工作椅的最优尺度。

（2）社会能力：关注不同工作场景中工作椅的特点，收集工作椅的设计作品，运用人体工程学的知识解析设计作品，并口头表述其设计原理。

（3）方法能力：信息和资料收集能力，设计作品分析、提炼及应用能力。

学习目标

（1）知识目标：了解工作椅的构造特征，根据人体功能尺寸设计工作椅。

（2）技能目标：运用人体工程学的知识创造性地进行工作椅设计。

（3）素质目标：大胆、清晰地表述自己对工作椅的理解和设计构想，具备团队协作能力和一定的语言表达能力，培养自己的综合职业能力。

教学建议

1. 教师活动

（1）课前了解学生情况，撰写教案，准备 PPT、视频等多媒体教学课件，课堂讲授人体坐姿生理学和坐姿生理力学，提高学生对工作椅的造型结构认识。指导学生对教学、生活场所的工作椅进行测量，并创造性地进行工作椅的设计。

（2）引导学生正确认识办公室工作环境特点，示范工作椅设计的图纸绘制。

2. 学生活动

（1）课前活动：完成课前练习，收集 3 ~ 5 张工作椅的设计图片。

（2）课堂活动：分组进行现场展示，讲解图片，绘制工作椅设计稿。

（3）课后活动：完成课后总结，进一步完善作品，提交作品。

一、学习问题导入

对于当今信息化的社会，在办公室工作时都要使用电脑，并采用坐姿工作。在工业化国家，三分之二以上的工作是坐姿工作，坐姿将是未来劳动者的主要工作姿势。坐姿工作的优点是人坐着的时候肌肉组织松弛，可以减少人体能耗，保持身体的稳定性，有利于专心作业。缺点是坐姿太久会出现肩颈酸痛，腰肌劳损，下肢肿胀等健康问题。因而分析相关坐姿和研究座椅设计，是需要关注的问题。

二、学习任务讲解

1. 坐姿生理学与生物力学

（1）脊柱的结构。

坐姿状态下脊柱是最主要的支撑骨骼，脊柱位于人体背部中线。成人的脊柱有 26 个椎骨，其中包括 7 个颈椎、12 个胸椎、5 个腰椎、1 个骶骨和 1 个尾骨。骶骨是由 5 节椎体融合而成，尾骨由 4 节椎体构成，见图 3-23。

从正面看，脊柱直立对称，而由侧面看则呈"S"形，有 4 个生理弯曲，即颈曲、胸曲、腰曲和骶曲。颈曲和腰曲凸面向前，而胸曲和骶曲则凸面朝后。脊柱的正常形态为长柱形，其长度占人体身高的 40% 左右，成年人脊柱长度约 70cm，女性和老年人略短。

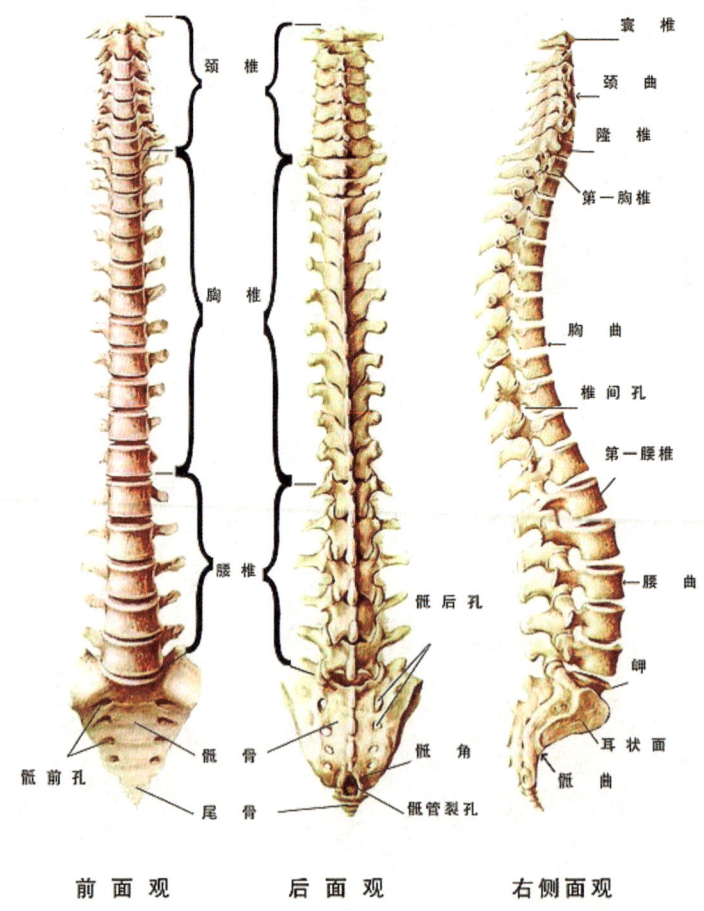

图 3-23 脊柱的结构

（2）坐姿的生物力学。

在坐姿状态下，头的重量是通过脊柱的颈椎部分压在胸廓上的，然后胸廓和头的重量，又通过脊柱的腰椎部分压在骨盆上，骨盆下端的坐骨最终承担最大负重。常见的不良坐姿往往是更多地让坐骨承担压力，正确的坐姿是确保坐的同时，也保持脊柱直立，避免腰椎承担过大压力，见图3-24～图3-26。

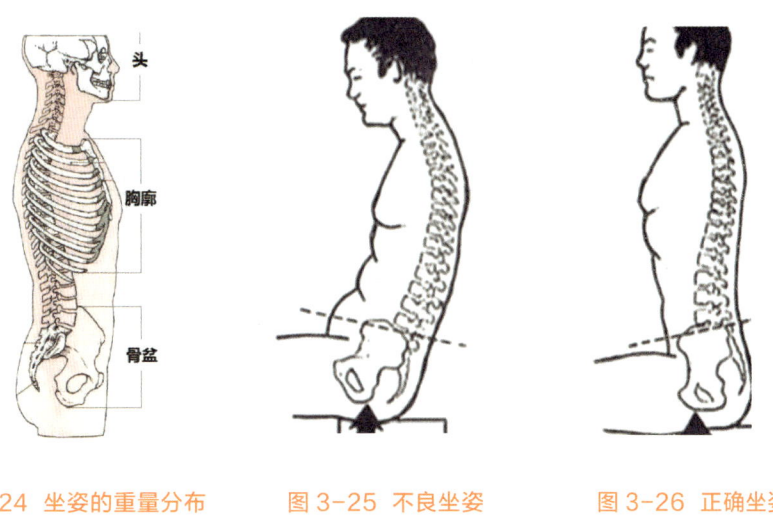

图 3-24　坐姿的重量分布　　　　图 3-25　不良坐姿　　　　图 3-26　正确坐姿

2. 工作椅设计

（1）坐姿人体测量。

工作椅设计需要对人体的坐姿进行全方位的测量，以便得出相应的尺寸数据设计工作椅，对人体坐姿的测量项目和测量尺寸汇总见图3-27和表3-1。

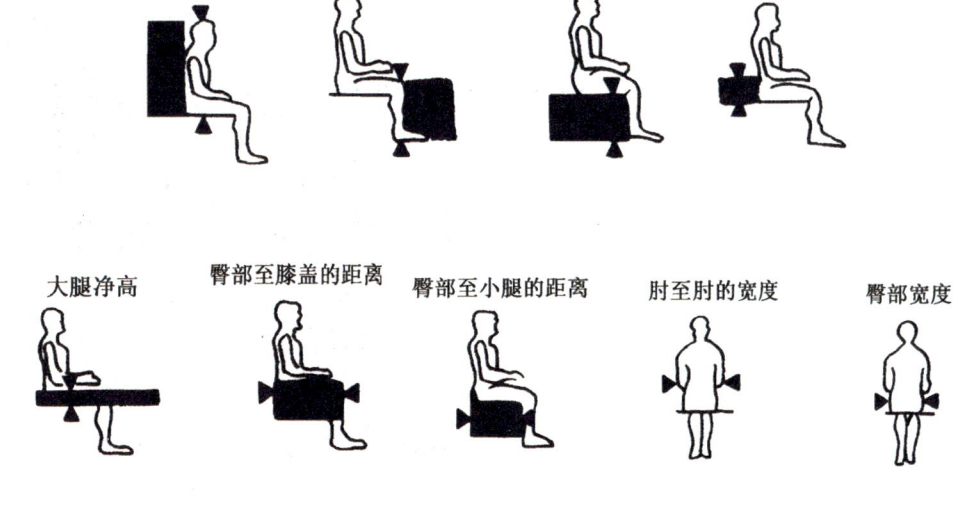

图 3-27　坐姿人体测量

表 3-1 坐姿人体测量数据汇总表

（单位 mm）

年龄分组	男（18～60岁）							女（18～55岁）						
百分位数 / 测试项目	1	5	10	50	90	95	99	1	5	10	50	90	95	99
坐高	836	858	870	908	947	958	979	789	809	819	855	891	901	920
坐姿颈椎点高	599	615	624	657	691	701	719	563	579	587	617	648	657	675
坐姿眼高	729	749	761	798	836	847	868	678	695	704	739	773	783	803
坐姿肩高	539	557	566	598	631	641	659	504	518	526	556	585	594	609
坐姿肘高	214	228	235	263	291	298	312	201	215	223	251	277	284	299
坐姿大腿厚	103	112	116	130	146	151	160	107	113	117	130	146	151	160
坐姿膝高	441	456	461	493	523	532	549	410	424	431	458	485	493	507
小腿加足高	372	383	389	413	439	448	463	331	342	350	382	399	405	417
坐深	407	421	429	457	486	494	510	388	401	408	433	461	469	485
臀膝距	499	515	524	554	585	595	561	481	495	502	529	561	570	587
坐姿下肢长	892	921	937	992	1046	1063	1096	826	851	865	912	960	975	1005

（2）工作椅尺寸分析。

工作椅的设计所需尺寸较为系统，需要结合人体坐姿时的各部位测量尺寸进行综合设计。工作椅的座高、座深、靠背倾斜角度都要与人体构造紧密结合，这样才能设计出符合人体工程学原理，并能提高工作效率的工作椅（图3-28）。

（3）工作椅设计分析。

工作椅根据坐姿生理学与生理力学原理分析，需要注意以下问题。

① 颈部支撑：突出的头枕可以支撑颈部，减缓颈椎压力。

② 腰部支撑：椅背软硬适中，与人体背部相近的曲面全面承托背部。

③ 舒适椅座：宽阔厚实，既能减轻身体坐下时由人体重量所产生的冲击力，又能舒缓长期伏案时臀部所承受的压力，松弛身心。

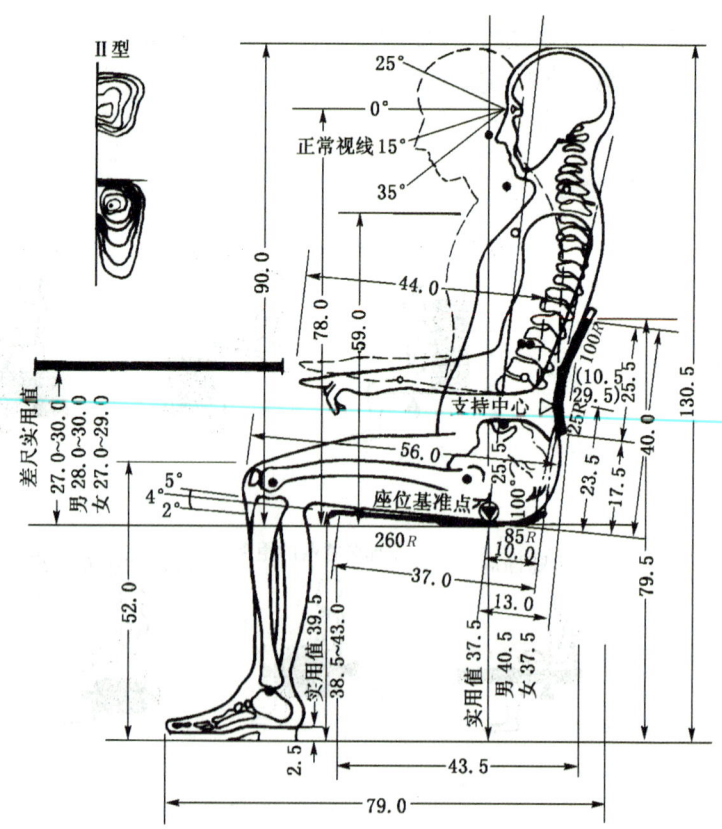

图 3-28 工作椅的尺寸分析（单位：cm）

④ 肘部支撑：通过扶手对手臂起到支撑作用，分散压力。

⑤ 脚轮移动设计：采用脚轮设计可以让使用者安全、顺畅地移动。

⑥ 升降功能：根据使用者的身高变化灵活调节座椅高度。

生活中常见的工作椅见图3-29。

（4）工作椅设计参数。

人后仰和放松时，椎间盘内压力最小，靠背倾角越大，肌肉负荷越小。靠背最佳倾角为120°，座面最佳角度为14°，靠背应有50mm厚的低靠腰。当靠背倾角超过110°后，倾斜的靠背支撑着身体的部分重量，见图3-30。

图 3-29 工作椅

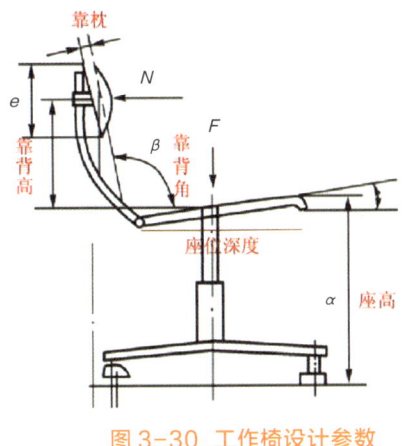

图 3-30 工作椅设计参数

工作椅的设计参数如下。

座高：360～480mm

座面倾角 α：0°～5°

座宽：370～420mm（400mm）

腰靠倾角 β：96°～115°

座深：360～390mm（380mm）

倾覆半径 r：195mm

腰靠长：320～340mm（330mm）

腰靠宽：200～300mm（250mm）

腰靠厚：35～50mm（40mm）

腰靠高：165～210mm（330mm）

腰靠圆弧半径：400～700mm（330mm）

（5）工作椅设计草图。

工作椅设计可以结合人体工程学原理和设计参数进行外形的构思和设计，前期的概念设计可以通过手绘概念设计草图进行表达，方案确定以后可以制作成电脑效果图，见图3-31和图3-32。

三、学习任务总结

通过本次任务的学习，同学们对工作椅的设计有了全面的认识。希望同学们能认真领悟工作椅设计中的人体测量数据，结合实际需要进行工作椅设计。人体工程学是一个强调数据的学科，它为室内设计和家具设计的功能合理性提供科学依据。同时，人体工程学也需要大量的测量数据和实践去验证，同学们要不断尝试收集日常生活中的人体工程学数据，为今后的专业设计做好储备。

四、布置作业

设计一款符合人体工程学原理的工作椅。

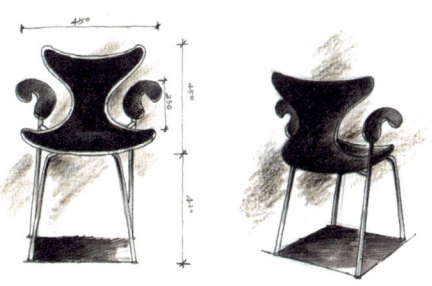

图 3-31 工作椅设计草图 1（单位：mm）

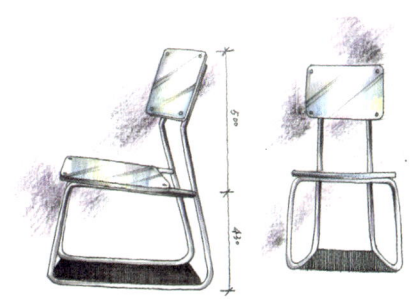

图 3-32 工作椅设计草图 2（单位：mm）

学习任务 三　幼儿园午休卧具设计

教学目标

（1）专业能力：掌握幼儿身体尺度，根据幼儿生理和心理需求设计幼儿园午休卧具。

（2）社会能力：关注幼儿园午休卧具的特点，收集幼儿园午休卧具的设计作品，运用人体工程学的知识设计幼儿园午休卧具，并口头表述其设计原理。

（3）方法能力：信息和资料收集能力，设计作品分析、提炼及应用能力。

学习目标

（1）知识目标：了解幼儿园午休卧具的功能尺寸，并设计符合人体工程学原理的幼儿园午休卧具。

（2）技能目标：运用人体工程学的原理创造性地进行幼儿园午休卧具设计。

（3）素质目标：大胆、清晰地表述自己对设计幼儿园午休卧具的理解和构想，具备团队协作能力和一定的语言表达能力，培养自己的综合职业能力。

教学建议

1. 教师活动

了解学生情况，撰写教案，准备 PPT、视频等多媒体教学课件。指导学生对幼儿园午休卧具进行测量，并结合测量数据创造性地进行幼儿园午休卧具的设计。

2. 学生活动

（1）课前活动：收集 3 ~ 5 张幼儿园午休卧具图片。

（2）课堂活动：了解幼儿园午休卧具的功能尺寸，并绘制设计稿。

（3）课后活动：完成课后总结，进一步完善作品，提交作品。

一、学习问题导入

同学们，大家知道睡眠对人的作用吗？睡眠可以消除疲劳、恢复体力、保护大脑、恢复精力，还有助于提高机体的免疫力。对于 3 ~ 6 岁的孩子来说，高质量的睡眠尤其重要。如果每天的睡眠时间不够，睡得不好，将直接影响他们的生长发育。所以，幼儿园都会安排幼儿午休，午睡床则是必不可少的配套设备。根据调研，目前我国幼儿卧具设计在合理性、舒适性、趣味性等方面还有很多需要改进的地方，希望同学们通过本次学习，在幼儿园午休卧具的设计上能够提出更多、更好的创新设计理念，为小朋友们的茁壮成长贡献一份力量。

二、学习任务讲解

1. 幼儿的身体尺寸

幼儿园就读的孩子年龄段为 3 ~ 6 岁，身高通常为 90 ~ 120cm。幼儿床的设计不能像其他家具设计那样以人体的外廓尺寸为准，原因是幼儿在睡眠时的身体活动空间大于身体本身尺寸。另外，不同尺度的床与睡眠深度密切相关。例如，40cm 宽的床大于幼儿的最大身宽尺寸，但这个尺寸会让幼儿睡眠空间显得很拥挤，没有更多空间调整睡姿，导致幼儿处于紧张状态而减少翻身次数，身体得不到充分的休息。因此，幼儿卧具的尺寸应满足幼儿的生理和心理要求，卧具的长度应为幼儿平均身高加 20 ~ 25cm，宽度应为最大幼儿体宽的 2 倍，具体数据见图表 3-2。

表 3-2 幼儿午休的卧具尺寸

（单位：mm）

	长	宽	高
小班	1300	600	300
中班	1350	650	320
大班	1400	700	400

2. 幼儿园午休卧具的种类

（1）双层床。

双层床也称为上下铺、高低床。双层床的优点是节省使用面积；缺点是幼儿上下不方便，下铺容易让幼儿有压抑感，存在安全隐患。中、小班不宜采用双层床。

幼儿园午休双层床护栏的高度可参考《家具床类主要尺寸》（GB/T 3328-2016）中的相关规定，高低床的安全护栏高度要大于等于 20cm，护栏和床头之间的缺口应为 50 ~ 60cm。高低床的高度并没有明确规定，只规定第一层和第二层之间的高度要大于等于 98cm。为方便管理人员照看，双层床高度为 130 ~ 140cm，见图 3-33。

图 3-33 双层床

（2）叠叠床。

叠叠床是指可以一张张叠放的床，设计时注意床脚叠放位置的处理。叠叠床平时叠放，午睡时候就直接铺在活动室的地板上使用，可以较好地节约空间。若是室内面积不大，可搭成通铺；若是房间面积较大，可分片搭设床铺，以减少相互影响。叠叠床的常规尺寸为长135cm，宽60cm，高25cm，见图3-34。

图3-34 叠叠床

（3）抽拉床。

抽拉床是指可以抽拉、伸展和闭合的多层床。抽拉床有三抽、四抽结构，高低错落，可节约室内空间，见图3-35。

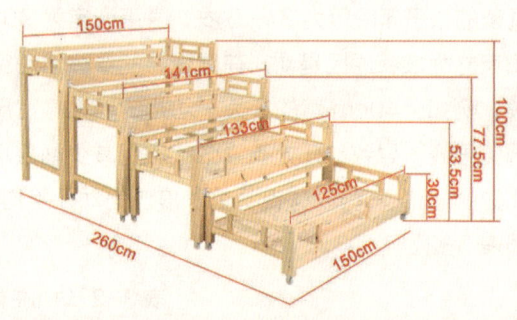

图3-35 抽拉床

3. 幼儿园午休卧具的材料

幼儿园午休卧具的主要材料是木材和塑料。木材主要有实木和复合木两种，实木的环保性和耐用性比复合木更好，但价格会贵一些。塑料在款式和色彩方面更加丰富，但需选用无毒、无味、环保塑料。

（1）实木卧具。

实木材质中，樟子松是优选的材料。樟子松使用寿命长，会散发出一种淡淡的、特有的清香味，这种香味有防蛀和抑制微生物生长的效果，具有一定的防霉作用，非常适合用作幼儿园午休卧具的选材，见图3-36。

图3-36 实木床

（2）环保EPP材质卧具。

EPP是聚丙烯塑料发泡材料，是一种新型泡沫塑料的简称。其比重轻、弹性好、抗震、抗压、变形恢复率高、吸收性能好、耐油、耐酸、耐碱、耐各种化学溶剂、不吸水、绝缘、耐热、无毒、无味，EPP可100%循环使用，且性能几乎毫不降低，是真正的环保型泡沫塑料，见图3-37。

图3-37 EPP材料床

（3）注塑床和吹塑床。

采用注塑、吹塑工艺生产的塑料床，床体中空，体积轻巧，方便移动，可以有效防止幼儿磕碰损伤。环保塑料材质比实木和EPP泡沫塑料两种材质更为实惠，经久耐用，不易褪色，不因气候温差影响而变形，见图3-38。

（4）帆布和网面床。

帆布床是指边框用高密度热溶塑料，中间用透气较好的帆布或尼龙网布制成的幼儿床。这种床易清洗，具有一定弹性，透气效果好，见图3-39。

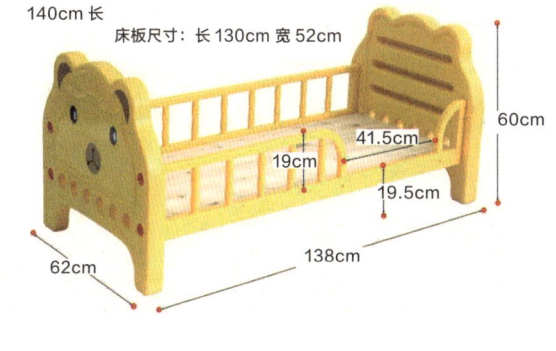

图 3-38 注塑床

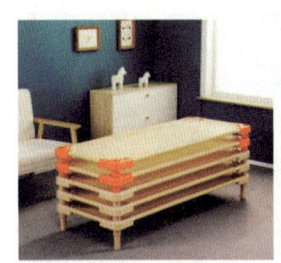

图 3-39 帆布床

图 3-40 幼儿床安全护栏设计

4. 幼儿园午休卧具设计

幼儿园午休卧具设计的目的：一是保证安全性和实用性；二是造型美观，颜色艳丽，适宜幼儿的审美。

（1）安全性。

幼儿园午休卧具的主体结构要稳固，承重性能要好，一定要有安全防护，护栏高度不低于30cm（图3-40）。同时，幼儿园午休卧具选用的材料需要重点考虑，要求安全卫生，无毒无害。

幼儿园小朋友多，室内空间十分有限，因此午休卧具设计的实用性还包括叠放功能设计，这样可以释放活动空间，见图3-41。

（2）美观性。

幼儿天性活泼、好动，好奇心强，喜欢花草树木，喜欢亲近动物，尤其喜欢卡通动物形象，对外界事物充满了好奇。因此，在幼儿家具设计中运用仿生学的设计原理，将床的造型与动植物造型相结合，可以表现出趣味性，满足幼儿的心理和天真的性格需求，见图3-42。

图 3-41 幼儿园午休卧具叠放设计　　　　　图 3-42 动物造型的叠叠床

幼儿园午休卧具设计的前期可以用手绘表现的方式进行概念构思，概念方案确定之后可以制作成电脑效果图，见图 3-43 和图 3-44。

图 3-43 以动画片海贼王为主题的儿童床设计草图

图 3-44 以轮船为主题的儿童床设计草图

三、学习任务小结

本次课我们学习了幼儿园午休卧具设计的相关知识，了解了幼儿园午休卧具的分类、尺寸和设计方式，并结合人体工程学原理进行了幼儿园午休卧具的功能尺寸分析。课后，同学们要多收集相关的设计资料，并尝试设计一款幼儿园午休卧具。

四、布置作业

以海底世界为主题，设计一款叠叠床。设计要求如下。

（1）手绘床的正面、侧面的款式，附设计说明。

（2）尺寸符合人体工程学要求。

（3）造型美观简洁，稳定性强。

项目四

收纳类家具功能尺寸设计

学习任务 一

收纳类家具调研

教学目标

（1）专业能力：掌握收纳类家具的定义、种类及常用尺寸；根据家具尺寸与人体尺寸进行收纳类家具设计。

（2）社会能力：关注生活中收纳类家具的功能特点，收集收纳类家具的优秀设计作品，运用人体工程学的知识解析设计作品，并口述其设计原理。

（3）方法能力：信息和资料收集能力，设计作品分析、提炼及应用能力。

学习目标

（1）知识目标：了解收纳类家具的造型构成特征和功能尺寸，设计收纳家具。

（2）技能目标：运用人体工程学与收纳类家具之间的关系创造性地进行收纳类家具设计。

（3）素质目标：大胆、清晰地表述自己对收纳类家具的理解和设计构想，具备团队协作能力和一定的语言表达能力，培养自己的综合职业能力。

教学建议

1. 教师活动

（1）了解学生情况，撰写教案，准备 PPT、视频等多媒体教学课件。讲授收纳类家具种类和功能尺寸，提高学生对收纳类家具的直观认识。指导学生对收纳类家具进行测量，并结合测量数据进行收纳家具设计。

（2）引导学生巧妙地运用收纳家具，在室内设计中学会遵循合理流畅、井然有序的收纳方式，为居家物品规划好摆放空间。

2. 学生活动

（1）课前活动：完成课前练习，收集收纳类家具的作品图片。

（2）课堂活动：学习收纳类家具设计的相关知识，完成收纳类家具设计方案。

（3）课后活动：完成课后总结，进一步完善作品，提交作品。

一、学习问题导入

同学们，你们是否听到过像这样的抱怨，"哎呀，我花了好多的时间，好不容易把房间收拾干净，没多久又变得乱七八糟了"！大家可以讨论一下出现这个问题是否跟室内设计的规划相关。因为收纳、整理是日常居家生活最重要、最频繁的活动，如果居住空间没有一个好的收纳设计方案，就会导致居住者陷入生活物品无法有序安放的窘境。因此，设计师在前期与客户沟通的时候，千万不要忘记一起做好全屋的收纳规划。

二、学习任务讲解

收纳类家具是指各种用来存放物品的柜架类家具，它是人们日常生活中收藏和整理衣物、饰品、书籍等所需要的一种用具。按存放物品的不同分类，收纳类家具主要分为衣柜、鞋柜、书柜、酒柜、电视柜、橱柜、展示柜等。

收纳类家具设计时首先要考虑使用者的需求，人体尺寸和活动范围是收纳类家具功能设计的依据。其次，收纳类家具设计必须考虑"物"的因素，即考虑各类物品的常用基本规格尺寸，以便合理地确定家具的长、宽、高、深以及内部的分隔，以提高家具的空间利用率。

1. 玄关的收纳家具

玄关空间中主要的收纳家具是玄关柜，也叫入户柜。玄关柜兼具鞋柜功能，具有装饰、隔断、收纳的作用，方便住户进出住宅时换鞋、放包、挂衣、放置随手物件等。

玄关柜的设计原则是下实上虚、通而不透。其高度与大门大致相等，也可以靠墙做到顶，宽度根据室内空间的大小酌情考虑。玄关柜与大门需保持1200mm或以上的距离，如果入门处的走道狭窄，就要尽量将玄关柜靠墙摆放。目前随着全屋定制家具的普及，很多玄关柜被设计成嵌入式组合柜的样式，充分利用过渡区域的面积，增大收纳空间。这种玄关柜不仅可以放鞋子、雨伞、挎包等，也可以作为一个小型衣柜，收纳出门所需的大衣、帽子，见图4-1和图4-2。

图4-1 玄关柜设计　　　　　　　　　　　　　　　　图4-2 组合玄关柜

2. 客厅的收纳家具

（1）电视柜。

电视柜又称视听柜，主要是用来摆放电视，以及与电视相配套的电器设备，如机顶盒、音响等，也兼顾艺术饰品的展示功能。单体电视柜的深度为 300 ~ 400mm，高度为 400 ~ 500mm，长度可根据电视背景墙的尺寸来选择。电视柜还可以与电视背景墙进行组合设计，将视听、展示、收纳等多种功能合为一体，丰富立面的造型样式，增大收纳空间，见图 4-3 和图 4-4。

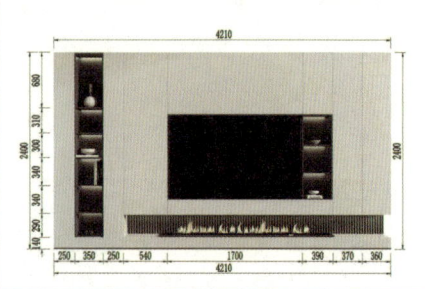

图 4-3 单体电视柜　　　　图 4-4 组合电视柜

（2）茶几。

带有收纳功能的茶几可以放置一些日常杂物，如随手翻看的杂志、电视遥控器、打火机、指甲剪、钥匙之类的东西都可以放入其中。桌面可以摆放茶具、新鲜水果、装饰品等，如果放上一个纸巾收纳盒，那么手机、遥控器也会便于收纳，见图 4-5 和图 4-6，茶几的常用尺寸见表 4-1。

图 4-5 茶几的收纳设计

图 4-6 方形茶几的收纳设计

表 4-1 茶几的常用尺寸

（单位：mm）

类型	长度	宽度	高度
小型矩形茶几	600 ~ 750	450 ~ 600	380 ~ 500（380 最佳）
中型矩形茶几	1200 ~ 1350	600 ~ 750	380 ~ 500
大型矩形茶几	1500 ~ 1800	600 ~ 800	330 ~ 420（420 最佳）
圆形茶几（直径）	750、900、1050、1200		330 ~ 420
方形茶几（边长）	900、1050、1200、1350、1500		330 ~ 420

（3）收纳沙发、收纳凳。

沙发和凳子是客厅的主要坐具，也可以用作收纳。当沙发底部设计成抽屉或收纳柜时，可以把不常用的生活物品放进去。这样既可以保持客厅的整洁，也可以增加收纳空间（图 4-7）。凳子的内空间同样可以兼具收纳功能（图 4-8）。

图 4-7 收纳沙发　　　　图 4-8 收纳凳

3. 餐厅的收纳家具

（1）餐边柜。

餐边柜是餐厅墙边或餐桌旁边的柜子。餐边柜一般用来收纳碗、碟、筷，以及酒类、饮料等。餐边柜长度为 1200 ~ 1500mm，深度为 400 ~ 500mm，高度为 600 ~ 850mm，见图 4-9 和图 4-10。

图 4-9 餐边柜

图 4-10 餐边柜的收纳空间

（2）酒柜。

酒柜是用来陈列美酒和酒具的柜子。精致的酒杯、酒瓶与灯光相互辉映，成为餐厅中的一道风景线。酒柜通常倚墙而设，高度根据使用者手能触及的高度来设计，一般为 2100 ~ 2500mm。酒柜通常包含两个部分，上柜是敞开式的层板，厚度为 300 ~ 400mm；下柜装门做成封闭式柜子，高度约为 600mm，见图 4-11。

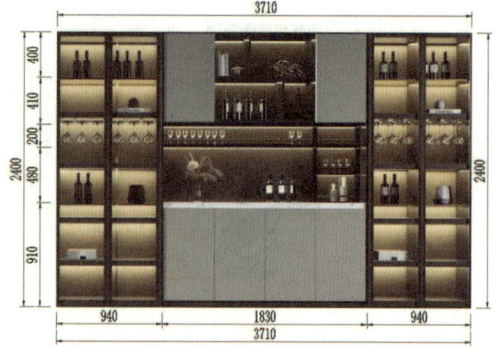

图 4-11 酒柜设计

4. 厨房的收纳

橱柜是厨房重要的收纳家具，是厨房中各种用具与厨房家电的载体。橱柜主要有一字型、L 型、U 型和岛型几种类型，不同类型的橱柜具有不同的使用功能和装饰效果。一字型厨房将清洗、备餐和烹饪三个功能区排列在一条直线上，上、下柜排列齐整（图 4-12）；L 型橱柜符合洗、切、炒流程的三角工作区原理，可以提升厨房工作效率；U 型和岛型橱柜收纳功能更好，可以放置更多的厨房电器和厨具。

图 4-12 一字型橱柜

整体橱柜主要由吊柜、底柜和高柜组成。

（1）吊柜。

吊柜底部离操作台面的高度，主要考虑不影响台面操作，方便存取物品，同时还要考虑在操作台面上放置电器、厨房用具、餐具等。吊柜底部距地面最小间距1400mm，距操作台面净空最小间距600mm。吊柜底与操作台面距离过大，会影响吊柜中存取物品，因此，推荐采用600～700mm。

吊柜高度为650～700mm、宽度为400～600mm，为增加储物空间，也可以选择把吊柜做到顶。吊柜宽度尽量考虑与底柜上下对位，以增加厨房的整体感。吊柜深度为250～350mm。

（2）底柜。

底柜高度为800～900mm，底柜的深度一般应大于450mm，宽度为400～600mm。使用者站立时，应垂手可开柜门，举手可伸到吊柜第一格，在这600～1800mm的水平空间中收纳常用物品，称为常用品区。根据中国人的平均身高，取放物品的最佳高度应为950～1500mm，其次为700～850mm和1600～1800mm。不舒服的高度是600mm以下和1800mm以上。若能把常用的东西放在950～1500mm的高度范围内，就能够减少弯腰、下蹲和踮脚的次数，见图4-13。

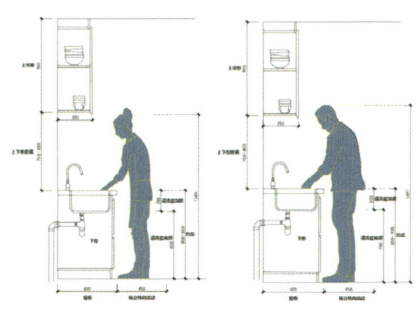

图4-13 橱柜取放物品的尺度

（3）高柜。

高柜是中间镶嵌烤箱、微波炉等电器，做到顶的储物柜。高柜充分利用墙面空间，可以最大限度地利用厨房空间的收纳功能。高柜上层可设计升降机，方便取物，见图4-14。高柜不宜太宽，柜门应不大于600mm，见图4-15。高柜对安装位置要求较高，一般只有一面墙的厨房不宜安装，否则在空间感觉上会很局促。

5. 卧室的收纳家具

卧室的收纳家具主要是衣柜，衣柜用于收纳居住者的衣物、床上用品和行李箱包。衣柜可以选择市面上的成品衣柜，也可以选择定制。定制衣柜可以根据房型、面积大小等进行设计，收纳功能更强大。

设计衣柜时，必须仔细了解各类衣物的基本规格尺寸，以便合理地确定衣柜的分区，提高收纳空间的利用率。衣物的陈放方式有挂放与叠放两种，挂放区的优点是可以保持衣服平整，不起皱，但需要较大空间。叠放区的尺寸要求较小，空间利用率高。

图4-14 安装升降机的高柜　　图4-15 高柜、吊柜、底柜组合

挂放区的悬挂杆的最大高度根据使用者的站立高度来确定，约为身高的1.2倍。以我国中等身高的女性为参照，悬挂杆最大高度为1800～1900mm。悬挂杆高度设定应满足衣服自然挂于其中的长度，可分三个区，长衣区1350～1500mm、中长衣区1200mm、短衣区900mm。折叠区域适合设在常用品区高度为950～1500mm，叠放的衣服可以累加，尺寸深度为550～600mm，层高为350～400mm，见图4-16。

图 4-16 衣柜的分区

根据国家标准《家具柜类主要尺寸》（GB/T 3327-2016）中的规定：平开门衣柜深度为 550 ~ 600mm，推拉门衣柜深度大于等于 626mm。平开门需要向外开，完全拉开会占据一定空间。门拉手的位置和高度对人使用时的舒适性影响较大，一般设在距离地面 1100 ~ 1250mm 高度时人使用较为舒适。推拉门衣柜又叫滑动门衣柜、移门衣柜，使用时所占空间比平开门小，见图 4-17 和图 4-18。衣柜的分区方案见图 4-19。

图 4-17 平开门衣柜

图 4-18 推拉门衣柜

三、学习任务小结

本次学习任务主要讲解了收纳类家具的设计，分别进行了玄关柜、电视柜、茶几、餐边柜、酒柜、橱柜和衣柜等主要收纳家具的设计要点和功能尺寸分析。收纳类家具的设计首先要考虑使用者的需求，人体尺寸和活动范围是收纳类家具功能设计的依据。另外，收纳类家具的长、宽、高、深，以及内部的分隔，是提高收纳空间利用率的关键。课后，同学们要多收集和实测收纳类家具的数据，为今后的室内设计工作积累经验。

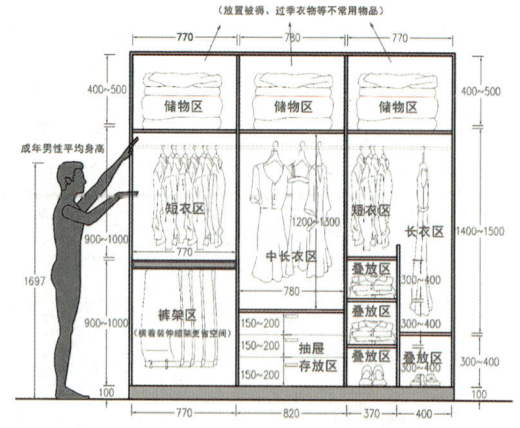

图 4-19 衣柜分区图方案

四、布置作业

1. 橱柜设计时需要考虑哪些人体工程学问题？

2. 根据人体工程学原理设计一款衣柜。

学习任务 二 书柜设计

教学目标

（1）专业能力：掌握书柜的设计要素，根据人体工程学原理确定书柜的最优功能尺寸，能够根据客户的需求，进行书柜设计。

（2）社会能力：关注生活中人们读书的需求以及书柜的特点，运用人体工程学的知识解析书柜设计作品，并能口头表述其设计原理。

（3）方法能力：信息和资料收集能力，设计作品分析、提炼及应用能力。

学习目标

（1）知识目标：了解书柜的造型特征和功能尺寸，并进行书柜设计。

（2）技能目标：运用人体的工学原理创造性地进行书柜设计。

（3）素质目标：大胆、清晰地表述自己对书柜的理解和设计构想，具备团队协作能力和一定的语言表达能力，培养自己的综合职业能力。

教学建议

1. 教师活动

了解学生情况，撰写教案，准备 PPT、视频等多媒体教学课件。讲授书柜功能和常用尺寸，提高学生对书柜的直观认识。指导学生对书柜进行测量，并结合测量数据进行书面设计。

2. 学生活动

（1）课前活动：完成市场调研，了解书柜的样式。

（2）课堂活动：测量和分析书柜的尺寸，完成书柜设计。

（3）课后活动：完成课后总结，进一步完善作品，提交作品。

一、学习问题导入

"读书可以让人保持思想活力，得到智慧启发，滋养浩然之气"。正因为如此，人们对知识的渴望越来越高，家里的书也越来越多，图书的主要收纳家具就是书柜，书柜设计不仅可以解决书籍存放问题，还可以让读书、学习更轻松便捷。

二、学习任务讲解

1. 书柜的定义

书柜是用来放置书籍、文件和文具的收纳家具。开放式的书柜称为书架，书架是一个框架结构，一般由层板和立柱组成，也可以直接把层板固定在墙上，见图4-20。书柜为更好地防尘，往往采用封闭或半封闭设计。书柜上部分为方便查阅书籍，一般都做成半通透形式，即采用透明玻璃作为柜门，内部是层板结构。书柜下部分常做成封闭式的储物柜，用于收纳物品或储存一些重要的文件，见图4-21。

图 4-20 各类造型的书架

图 4-21 不同材质的书柜

2. 书柜的尺寸

书柜的功能是存放书籍和文献资料，书柜的内尺寸如深度、层高等必须考虑所存放书籍的尺寸。书柜的深度应比书的宽度稍大一些，存放普通文学类、社科类书籍深度一般在 300mm 左右，但是存放一些尺寸较大的画册就需要至少 400mm 的深度。书柜内部层板间的高度为 300 ～ 400mm。书柜的层板间距还可以设计成可调节的形式，根据书本大小按需要加以调整。

书柜的高度以成人伸手可拿到最上层隔板书籍为准，以两门书柜为例，一般高度为 1800 ～ 2100mm。书柜的宽度受到存书量、书柜形态、室内空间等多种因素影响，书柜单体宽度通常为 800 ～ 1200mm。

3. 书柜的设计

（1）书柜的造型设计。

书柜造型设计可以分为匀称设计、不规则设计和对称设计三大类。匀称设计的书柜外观整体以相同大小的格子出现，这种书柜造型简单，由同一款式尺寸的柜体单元重复组合而成，显得大气、稳重，适合比较大的开放式空间，见图 4-22。

图 4-22 匀称设计的书柜

不规则设计的书柜其柜体布置不均匀，呈现出凹凸、大小、宽窄的变化，书柜的样式更加自由，节奏感和韵律感更强，比较适合追求时尚、个性的年轻人使用。这种书柜对空间大小没有特别的要求，形式和尺寸也比较灵活，见图 4-23。

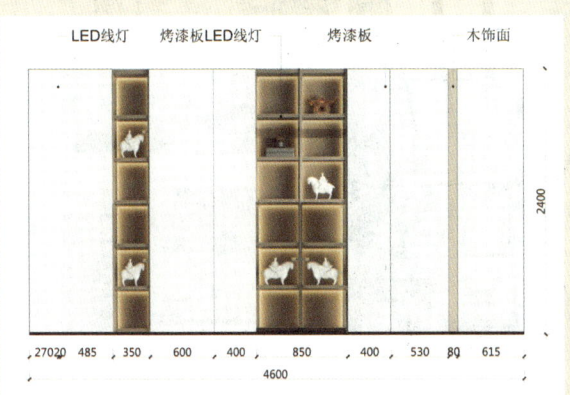

图 4-23 不规则设计的书柜

对称设计的书柜通常有一个中轴线，柜体沿中轴线呈左右对称。对称形式的书柜让空间显得稳重、端庄、均衡，见图4-24。

图 4-24 对称设计的书柜

（2）书柜的设计案例。

案例一：整墙书柜设计。

整墙书柜是利用整面墙或相邻的两面墙的宽度布置书柜，其高度可以直抵天花顶，最大限度地利用空间。整墙书柜大多出现在图书馆或大型书房，给人以浩瀚博大充满气势的感觉，见图4-25。

热播偶像剧《来自星星的你》中，都教授的家就采用了整墙书柜设计。在两层的复式楼中，挑高的墙以书柜的形式呈现，让整个空间显得文化底蕴厚重，而且还从侧面塑造了主人公成熟内敛、饱读诗书的人物形象，见图4-26。

通顶的整墙书柜，最大限度地利用了空间，适合藏书比较丰富的家庭。整墙书柜与电视背景墙、电视柜结合起来时，不仅可以装饰客厅或会客厅的立面效果，而且增大了收纳空间，见图4-27。

图 4-25 整墙书柜

人体工程学

图 4-26 《来自星星的你》都教授家的书柜　　　图 4-27 整墙书柜的应用

案例二：成品书柜设计。

成品书柜的设计首先考虑使用空间的尺寸，结合不同空间使用面积来进行，其产品可以自由拼装组合。单体成品书柜的高度为 1800 ～ 2100mm，深度为 300 ～ 400mm，宽度为 400 ～ 450mm。双门成品书柜的高度和深度与单体成品书柜一致，其宽度为 800 ～ 900mm，见图 4-28。

案例三：一体化书柜设计。

一体化书柜集书桌、书柜和卡座等功能于一体，对于小户型住宅空间来说，能够最大限度地利用空间。书桌用于学习、工作，书柜用于放置文件和书籍，快捷、方便、高效，还可以与床结合进行整体设计，见图 4-29。

图 4-28　可组合使用的成品书柜

图 4-29　一体化书柜设计

三、学习任务小结

本次学习任务学习了书柜的设计，书柜的内尺寸以书籍的规格为依据，以 32 开的书籍为标准，设计的层板间高度为 250 ～ 300mm；以 16 开的书籍为标准设计的层板间高度为 300 ～ 350mm；比较大规格的书籍，层板间高为 300 ～ 400mm。书柜的材质不同，给人的感觉也不同，金属和玻璃材质给人现代时尚的感觉，木质书柜则显得厚重沉稳。书柜的色彩不同也会传达出不同的视觉感受，浅色的书柜给人明亮、自然、清爽之感，深色的书柜则有安静、厚重之感。课后，同学们要主动测量书柜的尺寸数据，并设计一款实用的书柜。

四、布置作业

（1）书柜设计时需要考虑哪些人体工程学问题？

（2）根据人体工程学原理设计一款书柜。

项目五
居住空间设计

居住空间设计是指针对居住建筑的室内空间进行的设计与规划，是在一定空间范围内，解决居住使用方便、舒适问题，内容涉及功能、行为、心理、空间界面、采光、照明、通风等空间因素。居住空间的功能空间包括客厅、餐厅、卧室、书房、厨房、卫生间，以及辅助空间（门厅、走道、过厅、储藏室、阳台等），功能空间和辅助空间有其相应的尺寸要求和空间规划，它们结合在一起，共同发挥作用。

1. 居住行为与居住空间

居住空间尺度主要由三部分组成，一是根据居住者的行为所确定的人体活动空间尺度；二是根据居住标准所确定的家具设备空间尺度；三是根据居住者的行为心理需求所确定的空间尺度，称为知觉空间或心理空间。

（1）人体活动空间尺度。

人体活动空间是由人体活动的生理因素决定的，也称生理空间，即人活动范围所占有的空间，如站、立、坐、卧等各种姿势所占有的空间，以及人在生活和工作过程中占有的空间，如通道的空间、工作时工作场所的空间等。

（2）家具设备空间尺度。

根据家具和设备的外部尺寸可以确定家具和设备所占的空间大小，再根据居住标准确定各种室内空间的家具和设备的等级，就可以估算出家具和设备的空间尺寸，见图 5-1。

图 5-1 客厅和书房家具

（3）心理空间。

心理空间是指人体活动空间和家具设备空间以外的空间尺寸，是留空的空间，由人的心理因素决定，如人在室内的行为活动空间高度是 2200mm 以下，相当于第 95 百分位的男性身高，所以家具设备的最大高度一般为 2200～2400mm；如果客厅尺寸设计为 2200～2400mm，就会非常压抑。国家标准《住宅设计规范》（GB50096-2011）规定，住宅层高宜为 2800mm，这个高度能满足居住者的心理空间要求。所以，心理空间的高度和广度要比人体活动空间和家具设备空间的略大。

2. 居住空间的类型

（1）公共活动空间。

家庭活动包括聚餐、接待、会客、游戏、视听等，这些活动空间总称为公共活动空间，包括玄关、客厅、餐厅。

（2）私密空间。

私密空间是家庭成员进行私密行为的功能空间，主要有卧室、书房、卫生间。

（3）家务活动空间。

家务活动空间是指主要从事家务活动如清洗、烹饪等的功能空间，如厨房、公共卫生间、洗衣房等。家庭成员在这些空间的活动比较频繁，设计时要精心安排，并使动线更加合理。

3. 居住空间的功能分区

居住空间的功能是居住者生活需求的基本反映，分区要根据其生活习惯进行合理安排，把具有连带功能的空间组合在一起，如餐厅与厨房、卧室与书房，避免与其他性质的功能空间相互干扰。

（1）公私分区。

公私分区是按照空间使用功能的私密程度来划分的，也称为内外分区。住宅内部的私密性随着人的活动数量和频率的减少而增强，空间越私密，活动的人数越少，见图5-2。

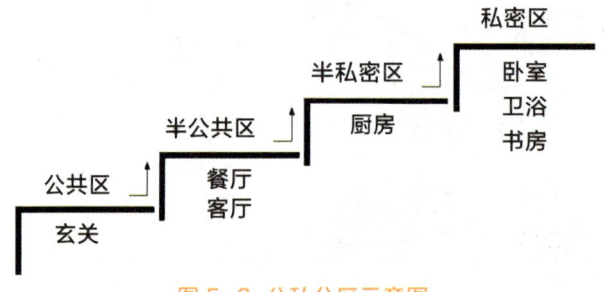

图5-2 公私分区示意图

（2）动静分区。

动静分区是以区域中人的活动程序而划分的，动区包括客厅、餐厅、玄关、公共卫生间等，静区包括卧室、书房、主卫等，动静区域要实现有效分割，减少互相干扰，见图5-3。

（3）干湿分区。

干湿分区主要指卫生间内的干区和湿区的分区，干区包括洗手台和马桶，湿区包括淋浴间和浴缸。

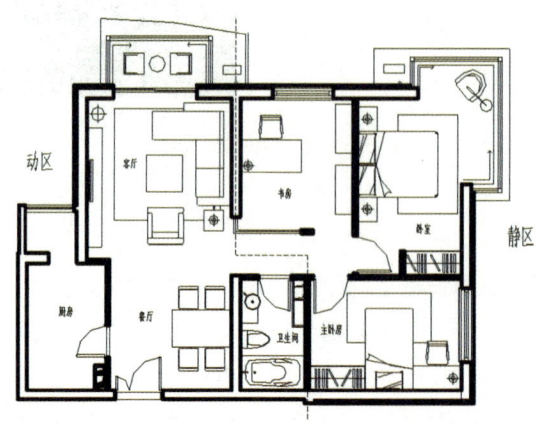

图5-3 动静分区示意图

学习任务

客厅空间设计

教学目标

（1）专业能力：根据客厅的功能和需求，灵活运用客厅的布置形式、客厅中的人体尺寸以及活动空间尺度和客厅环境要求进行客厅空间设计，归纳和总结客厅中的人体工程学规律。

（2）社会能力：根据教学需求独立或合作学习，完成学习任务；参与教学互动，懂得发现、分析、解决、归纳客厅空间设计中的人机问题和规律；有效表达调研和学习成果。

（3）方法能力：善于收集、主动学习客厅相关人体工程学信息与资料；运用知识和方法开展客厅空间设计实训，学会分析、评价与总结。

学习目标

（1）知识目标：掌握客厅的功能和布置形式，以及活动空间尺度。

（2）技能目标：运用客厅家具与设备的基本尺寸，以及人在客厅中的各种活动尺寸进行客厅空间设计。

（3）素质目标：学习态度端正，能自主学习，具有自律意识和合作与担当精神。

教学建议

1. 教师活动

（1）根据学生和教学实际组织前置学习与调研，理论联系实际，提高自主学习能力。通过展示和赏析客厅空间设计案例，指导学生实训，提高学生对人体工程学在客厅空间设计中应用的认识。

（2）引导学生从使用者的角度思考，结合客观实际，树立设计为人服务的理念。

2. 学生活动

（1）主动学习，构建有效促进自我成长、自我管理的学习模式。

（2）主动参与教学互动和实训，学会与他人沟通合作，按要求完成学习任务。

（3）懂得展示、讲解、点评学习成果，总结归纳客厅中人体工程学知识和应用规律，注重表达能力和沟通协调能力的培养，学以致用。

一、学习问题导入

《爱情公寓》这部情景剧讲述了住在爱情公寓里的一群租户之间发生的乐趣十足的日常故事，不少场景拍摄选择在客厅，因为客厅是日常生活主要的活动空间，见图5-4。根据调查报告显示，人们平均每天花费2.5个小时在客厅，每个家庭平均每天有6.2个小时在客厅活动。除了工作和睡觉，客厅几乎是家庭活动最核心的地方。

二、学习问题讲解

图 5-4 《爱情公寓》剧照

1. 客厅功能分区以及沙发的布置形式

（1）客厅的功能分区。

客厅是家庭的核心地带，主要功能有团聚、接待、娱乐休闲，同时兼顾用餐、学习等辅助功能。客厅是家庭成员团聚交流的场所，这一功能主要通过家具围合成聚谈区域来实现。同时，客厅也是家庭休闲娱乐的主要场所，视听功能是客厅的重要功能之一，主要由视听设备和电视背景墙等实现，客厅的功能分区见图5-5。

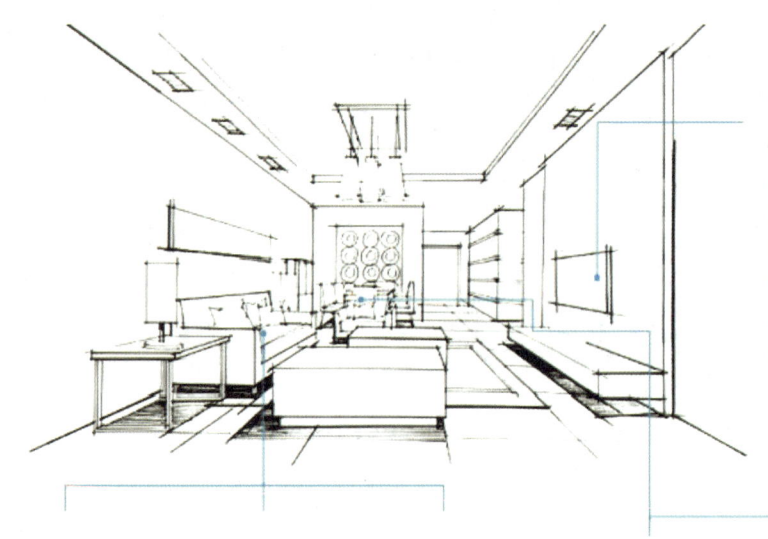

视听

现代视听设备一般包括电视、音响。经济水平和喜好的不同，对视听设备的要求也不一样。视觉设备要避免逆光和反光影响观感，听觉设备的使用感受则取决于设备的质量、安放位置和人的听觉系统。

家庭团聚

客厅首先是家庭成员团聚交流的场所，这是客厅的主要功能，往往通过家具来划分，这也是客厅的中心区域。

会客接待

会客空间一般和家庭团聚空间合并设置，位置比较随意。也有另外开辟一片单独小空间的。

睡眠

客厅的坐具可用作小憩，为人提供方便舒适的休息空间。

用餐

在一些中小户型中，客厅和餐厅合并设置，一般采用虚隔断、屏风、植物等进行灵活分割

学习书写

客厅也可以用作阅读、书写等，但一般时间短，位置不固定。

图 5-5 客厅功能分区

（2）沙发的布置形式。

客厅中流线最复杂的区域就是沙发和茶几组成的环形区域，是客厅的核心。沙发的布局主要有以下几种。

① 一字型：只布置一个单边的沙发的形式，通常用在小户型客厅，形式单一，满足基本功能即可，见图5-6。

② L型：沿墙体的转折布置一个L形的沙发的形式，这种形式可以充分利用客厅的角位，能较好地利用空间，见图5-7。

③ 面对面型：面对面型布置沙发的形式，这种形式应用于专门会客用的会客厅，见图5-8。

（4）U型：将沙发组合布置成U形，这种形式是目前最常见的客厅沙发组合形式，见图5-9。

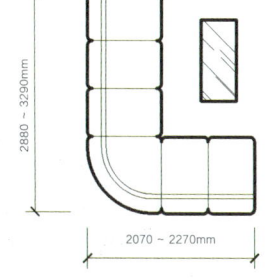

图5-6 一字型沙发布置形式　　图5-7 L型沙发布置形式

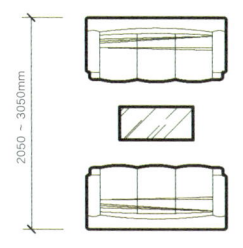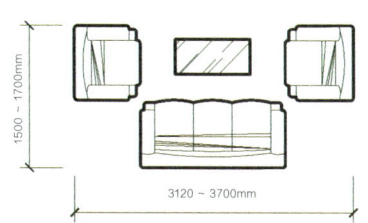

图5-8 面对面型沙发布置形式　　图5-9 U型沙发布置形式

2. 客厅的家具尺寸

客厅的家具有支撑类家具如沙发、凳椅，凭倚类家具如茶几，存贮类家具如电视柜等。这些家具的常用尺寸对客厅空间设计起着至关重要的作用。

（1）沙发尺寸。

沙发是客厅的主要家具，它的形态与大小决定了客厅的空间效果和舒适度，沙发尺寸见图5-10。

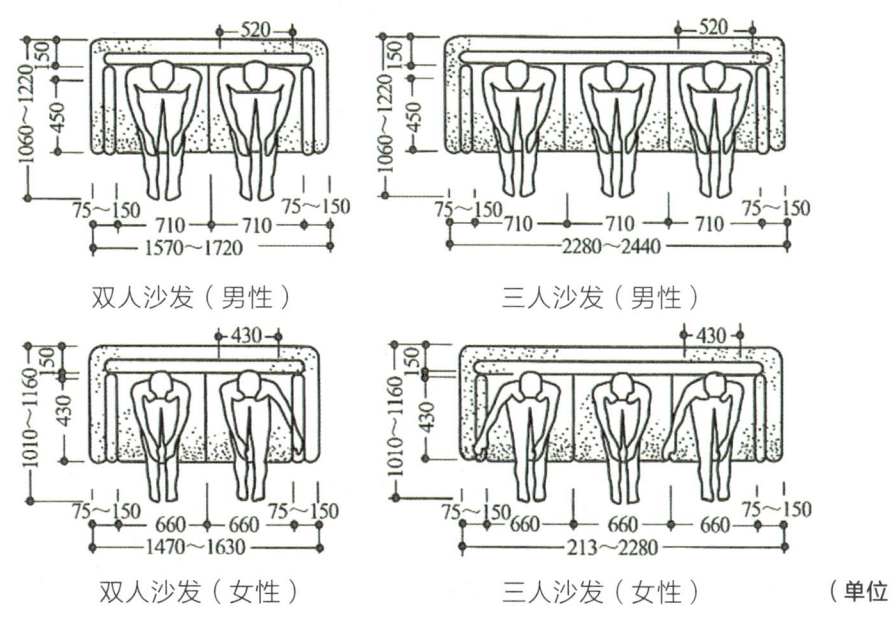

图5-10 人体尺寸与沙发尺寸的关系

（2）躺椅。

躺椅融合了床与椅子的双重优点，让人处于半睡的状态，得到全身的放松和休息。躺椅还有许多别称，如睡前椅、暖椅、逍遥椅、春椅、贵妃椅等，都是对某个式样的躺椅的不同称谓。现代的躺椅所用的材料多种多样，有红木、竹、藤、铝合金、帆布、特斯林布等，见图5-11。

图5-11 躺椅的不同样式

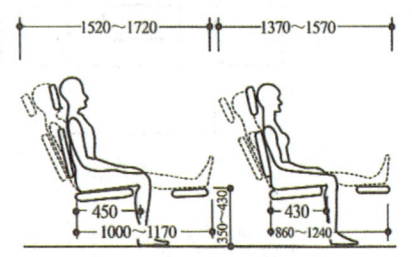

带有搁脚的躺椅（男性和女性）（单位：mm）

图5-12 躺椅的空间尺寸

室内躺椅的常见尺寸有900mm×840mm×880mm、920mm×1160mm×350mm、1200mm×500mm×250mm、920mm×500mm×300mm等几种，躺椅的尺寸选用必须根据使用者的人体尺寸和体姿而定，见图5-12。

3. 客厅的人体活动空间尺寸关系

客厅的人体活动尺寸关系取决于家具和摆件的相对位置，可根据场景细化为通行、拿取、陈列、视听等活动空间尺寸关系。

（1）通行距离。

通行距离是指保证交通动线顺畅通过的距离。客厅的通行距离见图5-13和图5-14。

（2）拿取距离。

拿取距离是指保证拿取物品方便的距离。客厅的拿取距离见图5-15。

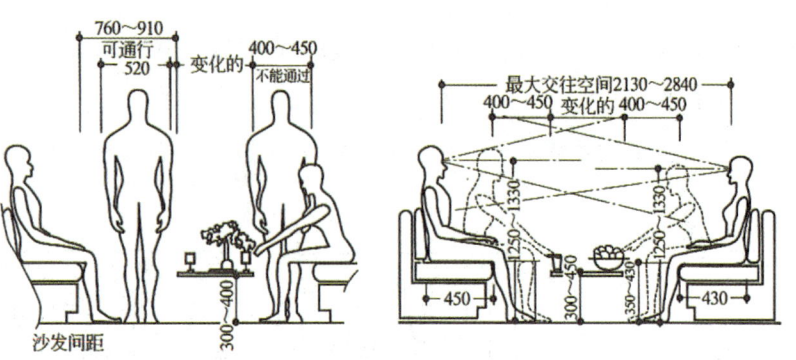

图5-13 沙发区域的通行距离1

（单位：mm）

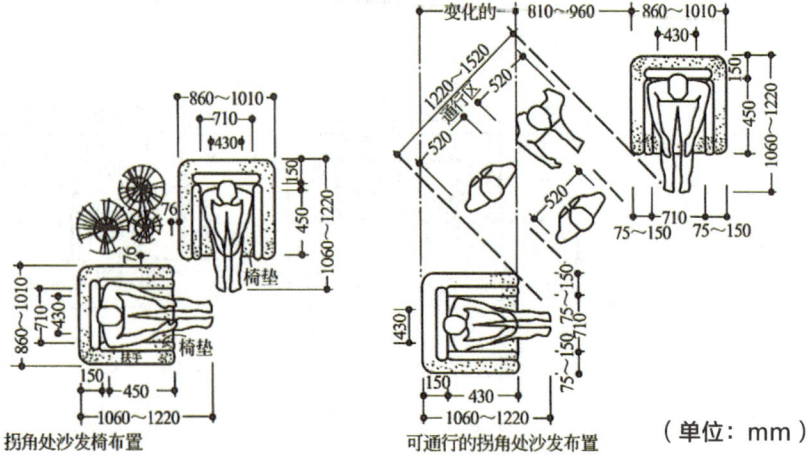

拐角处沙发椅布置　　　可通行的拐角处沙发布置

（单位：mm）

图5-14 沙发区域的通行距离2

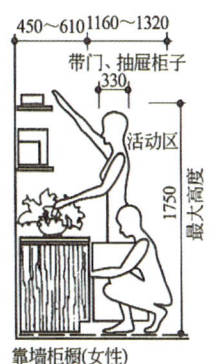
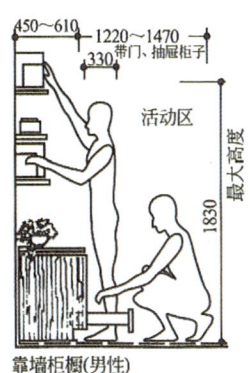
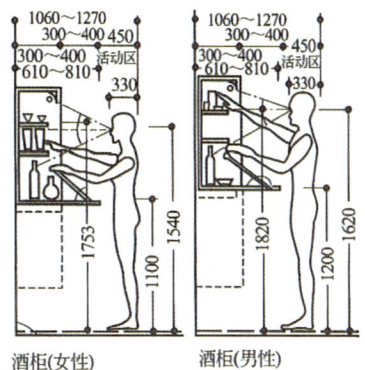

靠墙柜橱（女性）　　靠墙柜橱（男性）　　酒柜（女性）　　酒柜（男性）

（单位：mm）

图 5-15　拿取距离

（3）视听距离。

电视机尺寸与观看距离的关系，因电视机尺寸的不同而有所不同。电视机观看最近距离是电视机对角线的 6 倍，这样的距离可以有效保护视力，对于观看电视节目的还原度也比较适中，见图 5-16。

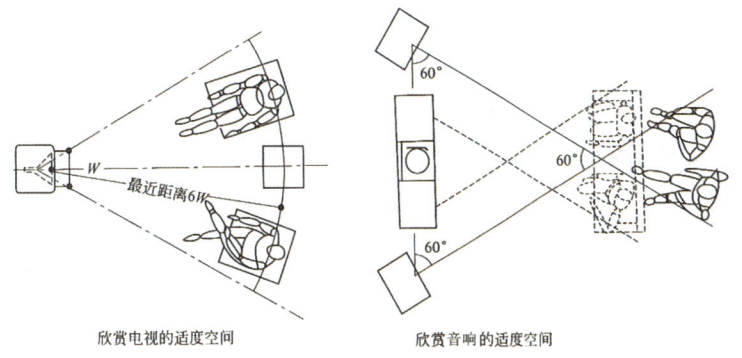

欣赏电视的适度空间　　　　　欣赏音响的适度空间

图 5-16　视听距离

三、学习任务小结

客厅是居住空间的核心区域，是家庭成员团聚、活动、视听娱乐、学习、休息以及接待来访客人的重要场所，也是家庭文化品位和经济水平的体现。设计客厅空间，要对具体户型结构、具体的使用者、具体的要求进行功能满足，可以按照"三步曲"分步实施：第一步，进行客厅功能区域的划分，通过隔断、家具的设置从大空间中独立出一些小空间出来；第二步，进行界面的设计，包括主体墙面的造型设计、地面选材、顶棚造型等；第三步，进行客厅环境设计，特别是客厅的光环境和色彩的设计。客厅空间是居住空间设计方案的核心部分，也是居住空间设计的重点。

四、布置作业

以下是复式公寓的一层平面图。复式公寓共两层，其中二层设有卧室两间、卫浴一个。根据公寓居住的人数以及空间大小、人体尺寸等因素设计一楼的客厅，画出客厅平面布置图，并撰写设计说明，见图 5-17。

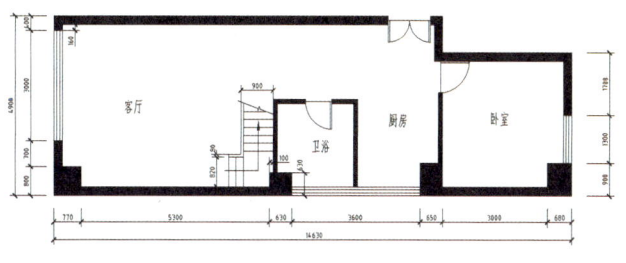

图 5-17　公寓平面框架图

（单位：mm）

学习任务 二 餐厅空间设计

教学目标

（1）专业能力：根据餐厅的功能和需求，灵活运用餐厅布置形式，以及餐厅中的人体尺寸和活动空间尺度进行餐厅空间设计，归纳和总结餐厅中的人体工程学规律。

（2）社会能力：根据教学需求独立或合作完成学习任务，参与教学互动，懂得发现、分析、解决、归纳餐厅空间设计中的人体工程学问题和规律。

（3）方法能力：主动学习餐厅相关人体工程学信息与资料，运用相关知识和方法开展餐厅空间设计实训，并学会分析、评价与总结。

学习目标

（1）知识目标：掌握餐厅的功能和布置形式、人体尺寸以及活动空间尺度，并进行餐厅空间设计。

（2）技能目标：运用餐厅的功能尺寸以及人在餐厅中的各种活动尺寸进行餐厅空间设计。

（3）素质目标：学习态度端正，自主学习，学会感恩与尊重、合作与担当。

教学建议

1. 教师活动

（1）根据学生和教学实际组织前置学习与调研，理论联系实际，提高学习自主学习能力；通过展示和赏析餐厅空间设计案例，开展和指导学生实训，提高学生对人体工程学在餐厅空间设计中应用的认识；组织评价，发现教学中存在的问题，及时整改和辅导。

（2）引导学生从使用者的角度出发，结合客观实际，树立设计为人服务的理念。

2. 学生活动

（1）主动学习，构建有效促进自我成长、自我管理的学习模式。

（2）主动参与教学互动和实训，学会与他人沟通合作，按要求完成学习任务。

（3）懂得展示、讲解、点评学习成果，总结归纳餐厅中人体工程学知识和应用规律，注重表达能力和沟通协调能力的培养。

一、学习问题导入

"人世间，唯有爱与美食不可辜负，爱已经辜负的太多，美食就不能再辜负了"。这出自《青慕集》的句子，引起了太多人的共鸣。民以食为天，不管工作多么辛苦，享受美食绝对是放松身心，丰富生活的行为。享受美食需要赏心悦目的环境，餐厅便是承载这一功能的场所，见图5-18。

图 5-18 居住空间中各种形式的餐厅布置

二、学习问题讲解

1. 功能分区与布置形式

（1）餐厅的功能分区。

餐厅的核心功能是就餐，次要功能是家庭成员之间交流的空间以及食品、餐具的存储空间。在就餐环节，餐桌和餐椅的布置是关键，应根据用餐人的数量选择餐桌的大小和餐椅的数量。虽古语有云"食不言寝不语"，但现代人的用餐习惯已经改变了，就餐成了家人沟通交流的一种方式。餐厅在设计布置方式和规模时要把交谈的功能考虑进去。存贮功能也是餐厅非常重要的功能，烹饪、就餐的用具多而繁杂，且不少是不常用的，有序存放，并拿取方便是餐厅设计需要考虑的。在空间允许的范围内可以设置餐边柜、酒柜存储物品。

（2）餐厅的布置形式。

餐厅的布置形式需要根据用餐人数和餐厅面积而定，有独立设置、与客厅共用、与厨房共用三种方式。无论哪种方式，都要考虑保持与厨房的密切联系，避免动线过长，影响上菜和清洁。

小贴士

动线是建筑与室内设计的专业术语，指人在室内外移动的点连接起来形成的动态交通流线。居住空间的动线设计，也是室内设计规划中重要的一环，长久居住在室内的人，会产生复杂的动线，如何考量并保证动线的顺畅，是需要提前进行设计规划的。

① 独立设置的餐厅。

独立设置的餐厅，即独立式餐厅，是指居住空间设有单独的餐厅区域，一般出现在大面积房型。餐厅位置应靠近厨房，根据家庭成员设置餐桌大小和餐椅数量。餐桌、餐椅和酒柜的摆放与布置需与餐厅的空间相结合，同时为家庭成员留出合理的活动空间，见图 5-19。

图 5-19 独立设置的餐厅

② 与客厅共用的餐厅。

这是一种比较常见的布置形式。餐厅和客厅都是公共活动场所，但不会同时使用，两个空间的融合，丰富了餐厅的功能表现形式，且增大了公共活动空间的面积。此时，餐厅和客厅可以用矮柜、组合柜、软装饰等进行分隔，见图 5-20。

图 5-20 与客厅共用的餐厅

③ 与厨房共用的餐厅。

餐厅与厨房共用被称为开放式厨房设计，这种形式缩短了餐厅与厨房的动线，但是烹饪过程产生的热量、油烟、气味会影响就餐的舒适感，见图 5-21。

图 5-21 与厨房共用的餐厅

2. 餐厅及家具的人体尺寸关系

餐厅的家具有凭倚类的餐桌、支撑类的凳椅、收纳类的餐边柜和酒柜等。家用餐桌一般用方桌或圆桌，方桌易于布置，可以节省空间；圆桌可以容纳更多的就餐人数，便于营造气氛，但占用空间较大。可以选用折叠式的圆桌，平时折叠起来作为方桌使用，当就餐人数多时展开使用。餐桌的大小根据用餐人的数量和餐厅的大小而定。

（1）最小与最佳用餐示意图。

一个人最小用餐面积为 520mm×600mm，一个人所占舒适的用餐面积为 680mm×760mm，可以按照这个标准根据家庭成员人数估算餐桌大小，见图 5-22 所示。

（2）餐桌的空间分配。

① 二人长方形餐桌尺寸。

两个人坐在一起进餐时的最小宽度尺寸为1050mm×1000mm，见图 5-23。

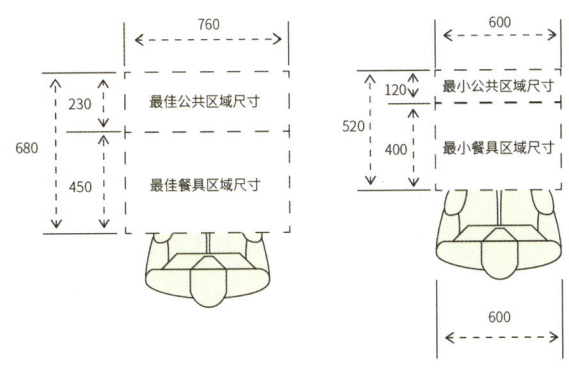

（单位：mm）

图 5-22 一人用餐餐桌的平面尺寸

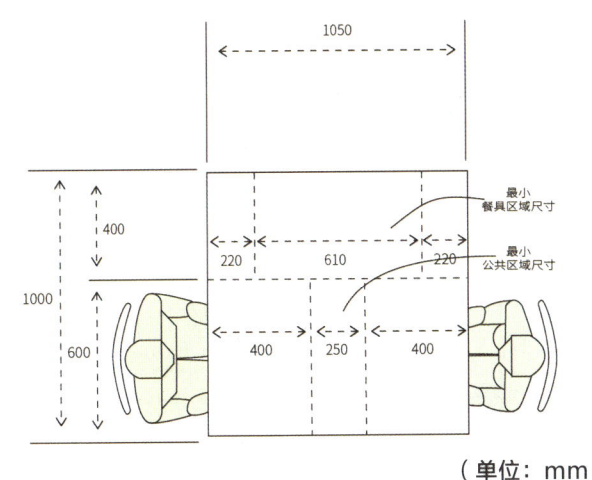

（单位：mm）

图 5-23 二人长方形餐桌最小宽度尺寸

② 六人长方形餐桌尺寸。

六人长方形餐桌尺寸为 1050mm×2000mm。坐在椅子上，虽然离墙壁有 450mm 的空间就可以坐下去，但是拉开椅子起立时最少需要有 610mm 的空间，见图 5-24。

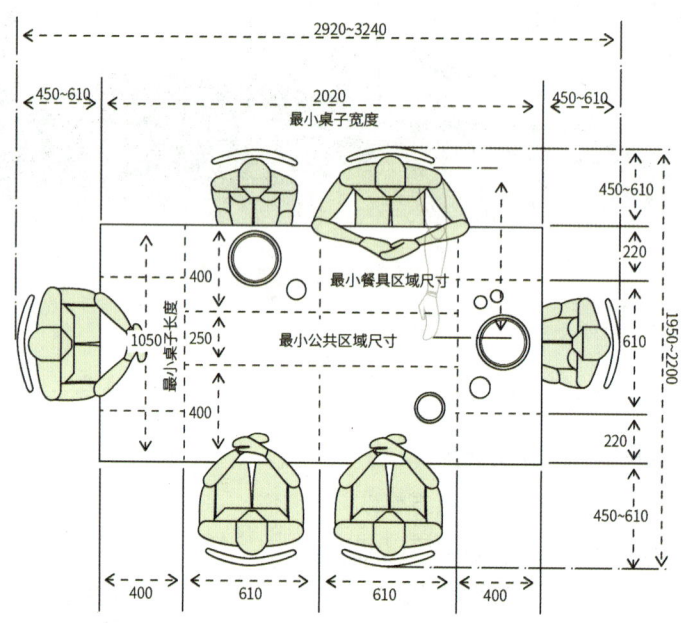

图 5-24 六人长方形餐桌最小尺寸

③ 四人圆形餐桌尺寸。

直径 900mm 的圆形餐桌可以坐 4 个人，但是直径 1200mm 的圆形餐桌坐 4 个人更舒适。为了确保人可以从后方通过，餐椅后面与墙壁要保持 750mm 的距离，见图 5-25。

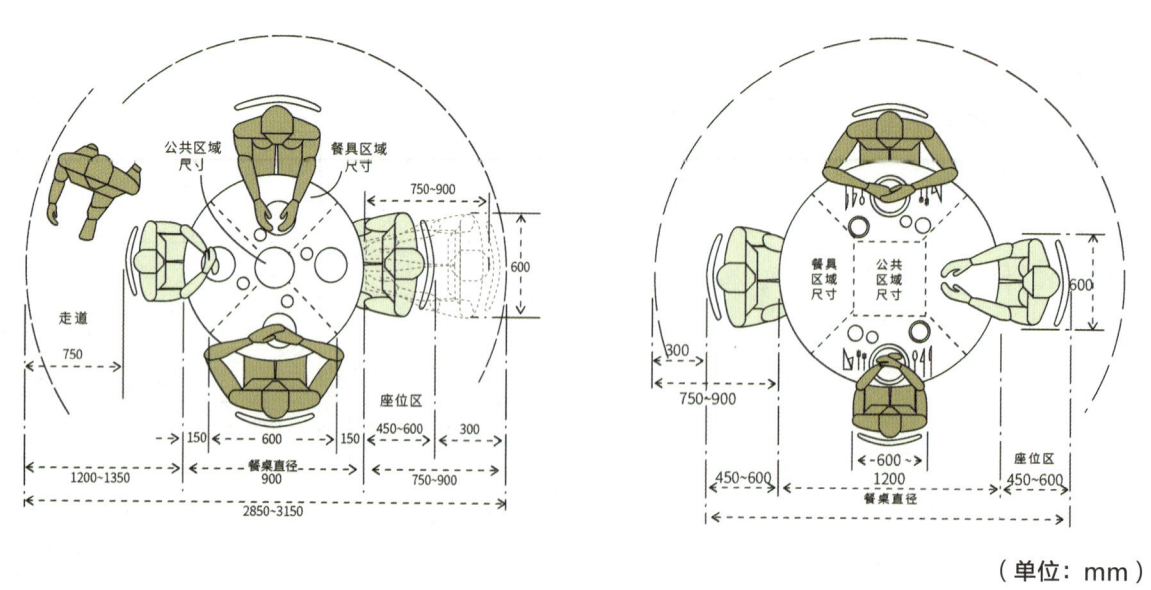

图 5-25 四人餐桌尺寸（左图直径 900mm，右图直径 1200mm）

④ 通行间距。

餐桌的高度一般为 700 ~ 750mm，座面与餐桌底部预留 200 ~ 250mm 的高度，见图 5-26。餐厅照明用的吊灯悬挂在餐桌上方，负责照亮餐桌区域，方便就餐。坐在椅子上时，为了避免挡住视线，照明灯离餐桌的高度不小于 480mm，见图 5-27。

3. 餐厅环境设计

（1）餐厅光环境。

就餐场所的灯光不仅应有增强食欲的功能，还应能创造愉悦的、其乐融融的氛围。设计时，一般采用低垂的吊灯，主要灯光集中在餐桌，使人能轻易看清桌上的食物。餐桌的照明可选用造型别致的吊灯，一般选 3 个光线较均匀，照度在 30lx 左右。餐厅的照明光源宜选用白炽灯或暖色节能灯，相关色温一般不高于 3300K。酒柜还可以安装局部照明，以突出优雅的格调。

（2）餐厅色彩。

从功能方面考虑，餐厅色彩以暖色为主，橙黄、乳黄、柠檬黄、橘黄色系列最能促进食欲。从空间处理考虑，中小型空间选用浅亮的暖色和明快的色调，能产生扩大空间的视觉效果；过大的空间应适当选取有收缩感的深色调，以营造空间的舒适感。

（3）餐厅声环境。

餐厅声环境的核心内容是噪声控制，其标准为白天不大于 55dB，夜晚不大于 45dB，在这个标准内，可以不影响人的注意力，也不对人形成干扰。

（4）餐厅热环境。

餐厅饭菜温度较高、气味较浓，所以要保证餐厅有适宜的温度和良好的通风。餐厅内温度一般控制在 23 ~ 27℃，一般选择自然通风。

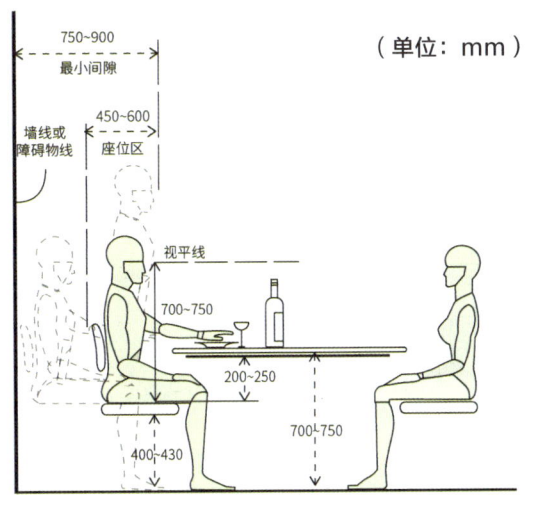

图 5-26 最小椅后间隙（无过道）

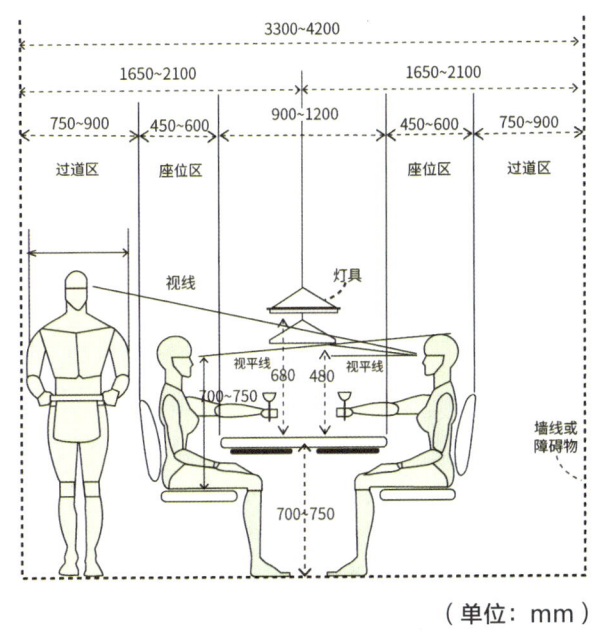

图 5-27 最小用餐区宽度

三、学习任务小结

　　餐厅是家庭成员就餐、交流的空间。进行餐厅空间设计必须熟知在餐厅中人的尺寸和活动空间尺度，并灵活运用，才能在满足餐厅使用功能的前提下，合理地设计餐厅，并提高居住空间的整体格调。课后，同学们要主动测量餐厅家具的尺寸，收集数据，为今后的设计工作积累经验。

四、布置作业

（一）前置学习

1. 阅读本学习任务内容，在 A4 纸上制作餐厅空间设计思维导图。

2. 填空题

（1）餐厅的核心功能是 ＿＿＿＿，次要功能是 ＿＿＿＿、＿＿＿＿。

（2）餐厅的布置形式主要有 ＿＿＿＿＿＿、＿＿＿＿＿＿＿、＿＿＿＿＿＿＿。

（3）一个人所占舒适的用餐面积为 ＿＿＿＿＿＿＿ mm，可以按照这个标准根据家庭成员 ＿＿＿＿估算餐桌大小。

（4）餐桌离墙最小间距为 ＿＿＿＿ mm，餐椅后通行区宽度是 ＿＿＿＿ mm，餐桌面高度为 ＿＿＿＿＿ mm，餐吊灯离餐桌面距离为 ＿＿＿＿ mm。

（5）餐厅配色从功能方面考虑以 ＿＿＿＿＿为主，从空间处理考虑选用 ＿＿＿＿＿＿＿＿＿色调。

（二）综合实训任务

　　以小组为单位开展居住空间餐厅调研。调研对象为学生个人家庭，画出餐厅平面图，标注主要尺寸。分析小组每位同学的调研结果，对照人体工程学餐厅人体尺寸关系展开讨论，提出改进建议。学习成果为调研报告或课件。

（三）思考与总结

（1）比较餐厅布置的 3 种形式，说说它们各自的特点。

（2）什么是动线？人体工程学研究动线有什么作用？

学习任务 三　卧室空间设计

教学目标

（1）专业能力：根据卧室的功能和需求，灵活运用卧室的布置形式，以及人体尺寸和活动空间尺度进行卧室空间设计，并归纳和总结卧室中的人体工程学规律。

（2）社会能力：根据教学需求独立或合作学习完成学习任务，参与教学互动、懂得发现、分析、解决、归纳卧室空间设计中的人体工程学问题和规律，有效表达调研和学习成果。

（3）方法能力：主动学习卧室相关人体工程学信息与资料，运用知识和方法开展卧室空间设计实训，学会分析、评价与总结。

学习目标

（1）知识目标：掌握卧室的功能和人体尺寸以及活动空间尺度，并进行卧室空间设计。

（2）技能目标：运用卧室家具以及人在卧室中的各种活动尺寸进行卧室空间设计。

（3）素质目标：学习态度端正，自主学习，具有自律意识、时间与成长意识，完成卧室空间设计相关学习任务的同时，学会合作与担当。

教学建议

1. 教师活动

（1）根据教学实际组织前置学习与调研，理论联系实际，提高学生自主学习能力；通过展示和赏析卧室空间设计案例，开展和指导学生实训，提高学生对人体工程学在卧室空间设计中应用的认识；组织评价，发现教学中存在的问题，及时整改和辅导。

（2）将思政教育融入课堂教学，引导学生从使用者的角度思考，结合客观实际，树立为人服务、为社会服务的设计理念。

2. 学生活动

（1）主动学习，构建有效促进自我成长、自我管理的学习模式和学习评价模式。

（2）制定与实施学习计划，主动参与教学互动和实训，学会与他人沟通合作，按要求完成学习任务。

（3）懂得展示、讲解、点评学习成果，总结归纳卧室中人体工程学知识和应用规律，注重表达能力和沟通协调能力的培养，学以致用。

一、学习问题导入

人的一生中，睡眠占了近三分之一的时间，睡眠质量的好坏与人体健康密切相关。清代医学家李渔曾说，"养生之诀，当以睡眠为先"。卧室是供居住者睡眠、休息的场所。在居住空间设计中，卧室是最让人放松身心、补充体力的地方。卧室设计的原则就是让居住者能够得到最大限度的休息，其所有的设计元素应用都是围绕这一原则展开的，见图5-28。

图5-28 不同类型的卧室

二、学习任务讲解

1. 功能分区与布置形式

卧室是居住空间里最具私密性的地方，设计要符合安静、舒适、雅致等要求。除了睡眠、休息功能外，卧室还应具有休闲区、读写区、卫浴区等功能。卧室的功能分区见图5-29。

2. 卧室的布置方式

卧室的布置要综合考虑房间的形状、面积、门窗位置等因素，双人卧室的面积一般大于或等于8平方米。

（1）纵向布置的卧室。

单人床布置方式：采用单人床的卧室面积一般较小，床尽量靠墙布置，空出更多的公共面积，见图5-30。

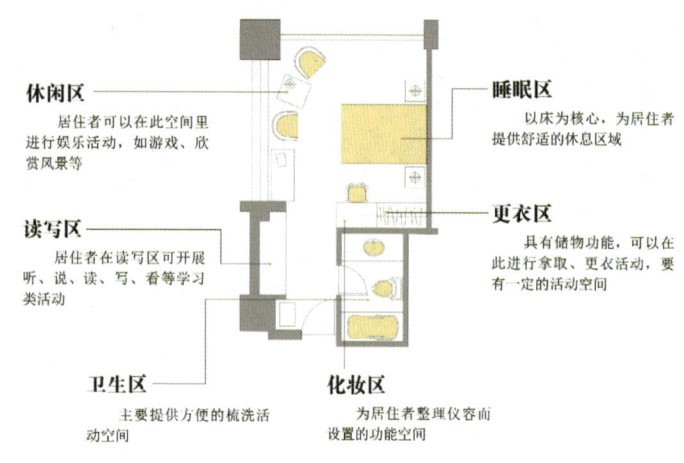

图5-29 卧室的功能分区

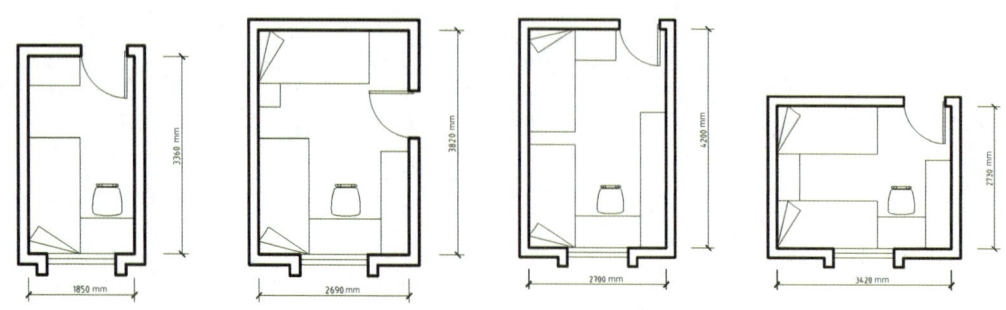

图5-30 单人床布置方式

双人床布置方式：双人床在纵向布置时注意床不宜直接对着门，见图5-31。

（2）横向布置的卧室。

单人床布置方式：横向卧室在布置单人床时，要注意留有足够的通行空间，注意柜子的开启方向，保证室内面积的完整，见图5-32。

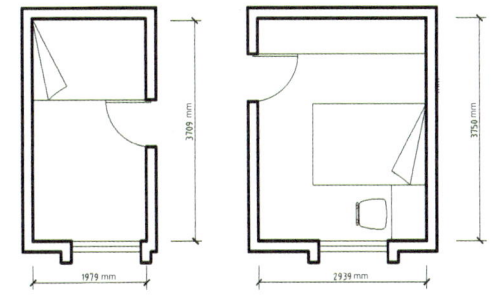

图 5-31 双人床布置方式

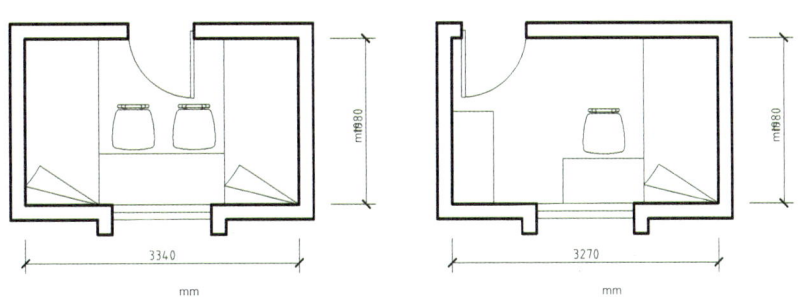

图 5-32 单人床横向布置方式

双人床布置方式：横向房间布置双人床，可把床放在中心区域，预留足够的通行空间，家具可沿门口区域的墙布置，书桌或梳妆桌靠近窗台布置，见图5-33。

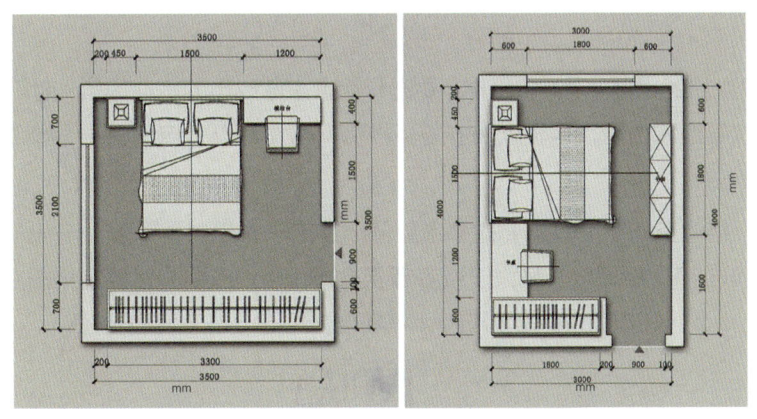

图 5-33 双人床横向布置方式

2. 卧室里的家具

（1）床。

床是卧室的主要家具，其长宽高以人体结构尺寸为依据，使床的尺度能满足就寝时各种睡姿的要求。根据国家标准《家具 床类主要尺寸》（GB/T 3328—2016），单层床的主要尺寸见表5-1。嵌垫式的床面宽应在各档尺寸基础上增加20mm，见图5-34。

表 5-1 床的尺寸 （单位：mm）

床面长 L_1		床面宽 B_1		床面高 H_1	
双床屏	单床屏			放置床垫	不放置床垫
1920 1970 2020 2120	1900 1950 2000 2100	单人床	720 800 900 1000 1100 1200	240~280	400~440
		双人床	1350 1500 1800		

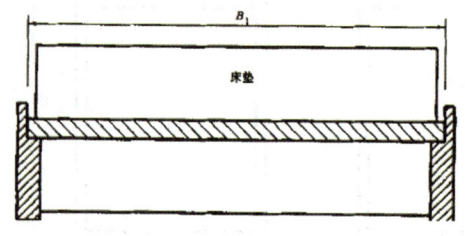

图 5-34 嵌垫式床床面宽尺寸示意图

双层床是指上下双层的床。双层床在小面积卧室内可以节省较大的空间，提高空间利用率，双层床的尺寸见图 5-35 和表 5-2。

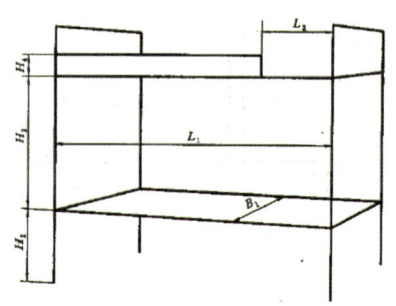

图 5-35 双层床主要尺寸示意图

表 5-2 双层床尺寸

（单位：mm）

床面长 L_1	床面宽 B_1	底床面高 H_2		层间净高 H_2		安全栏板缺口长度 L_2	安全栏板高度 H_4	
		放置床垫	不放置床垫	放置床垫	不放置床垫		放置床垫	不放置床垫
1920 1970 2020	720 800 900 1000	240 ～ 280	400 ～ 440	≥1150	≥980	500 ～ 600	≥380	≥200

（2）衣柜。

衣柜是收纳、存放衣物的家具，设计衣柜时，要充分考虑家庭成员的组成因素。老年人、儿童叠放衣物较多，挂件较少，要考虑多做层板和抽屉；年轻夫妇衣物多样化，男女可以各自拥有一个收纳空间，根据男女的需求分别进行设计，见图 5-36。

卧室空间设计中，柜体空间深度是重要的参考数值，决定了衣柜整体深度。一般情况下，平开门衣柜深度为 550～600mm，推拉门衣柜深度最好大于或者等于 626mm；衣柜的宽度则根据空间的具体情况而定，一般有 1200mm、1500mm、1800mm、2200mm 等规格，见图 5-37 和表 5-3。

图 5-36 衣柜内部结构

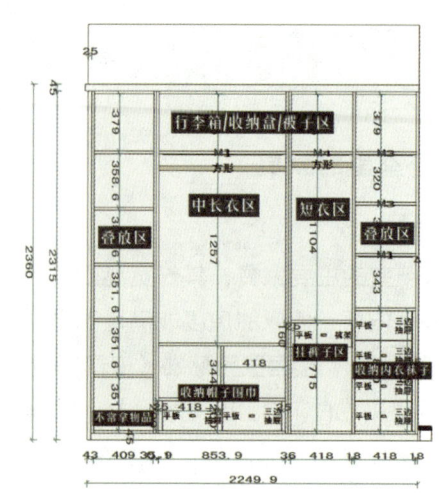

图 5-37 衣柜主要尺寸示意图

（3）床头柜。

床头柜是指设置在床头左右两侧的边柜，供生活起居和存放生活物品之用。贮藏于床头柜中的物品，大多是为了适应生活起居需要、方便取用。床头柜上可以摆放台灯、相框、工艺品等用以增添卧室情调和方便起夜。床头柜的样式见图5-38。

表5-3 衣柜尺寸　（单位：mm）

柜体空间深		挂衣棍上沿至顶板内表面间距离 H_1	挂衣棍上沿至底板内表面间距离 H_2	
挂衣空间深 T_1 或 B_1	折叠衣物放置空间深 T_1		适于挂长外衣	适于挂短外衣
≥ 530	≥ 450	≥ 40	≥ 1400	≥ 900

图5-38 各种形式的床头柜

按国家标准《家具柜类主要尺寸》(GB/T 3327-2016)，床头柜尺寸见表5-4。

表5-4 床头柜尺寸　（单位：mm）

宽度（B）	深度（T）	高度（H）
400 ~ 600	350 ~ 450	500 ~ 700

床头柜高度在设计时常常会考虑床的高度，一般与床的高度相同或者略微低于床的高度，见图5-39。

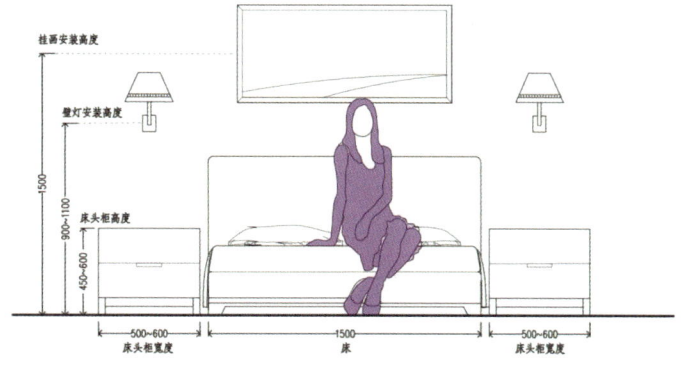

床、床头柜、壁灯高度

图5-39 床与床头柜的配套

（4）梳妆桌。

梳妆桌是指用于梳头、化妆、整理面容的桌子。梳妆桌通常由梳妆镜、梳妆桌面、梳妆品柜、梳妆椅及相应的灯具构成。梳妆镜要明亮、洁净、反射效果好，便于梳妆者更好地整理面部。梳妆桌专用的照明灯具称为镜前灯，需要均匀地照在镜面和人的面部。梳妆桌样式见图 5-40。

图 5-40 各种样式的梳妆桌

梳妆桌在卧室摆放比较讲究，镜子不能正对着门，包括房门、卫生间门，也不能正对床头，以免形成人影反射，造成惊吓。梳妆桌尺寸大小应参照国家标准《家具、桌、椅、凳主要尺寸》（GB/T 3326-2016）中的相关规定，见图 5-41 和表 5-5。

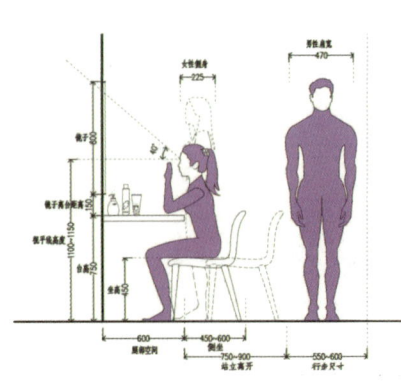

图 5-41 梳妆桌尺寸示意图

表 5-5 梳妆桌尺寸

（单位：mm）

桌面高 H	中间净空高 H_3	中间净空宽 B_4	镜子上沿离地面高 H_4	镜子下沿离地面高 H_5
≤ 740	≥ 580	≥ 500	≥ 1600	≤ 1000

3.卧室的人体尺寸关系

（1）通行与活动空间尺寸见图 5-42。

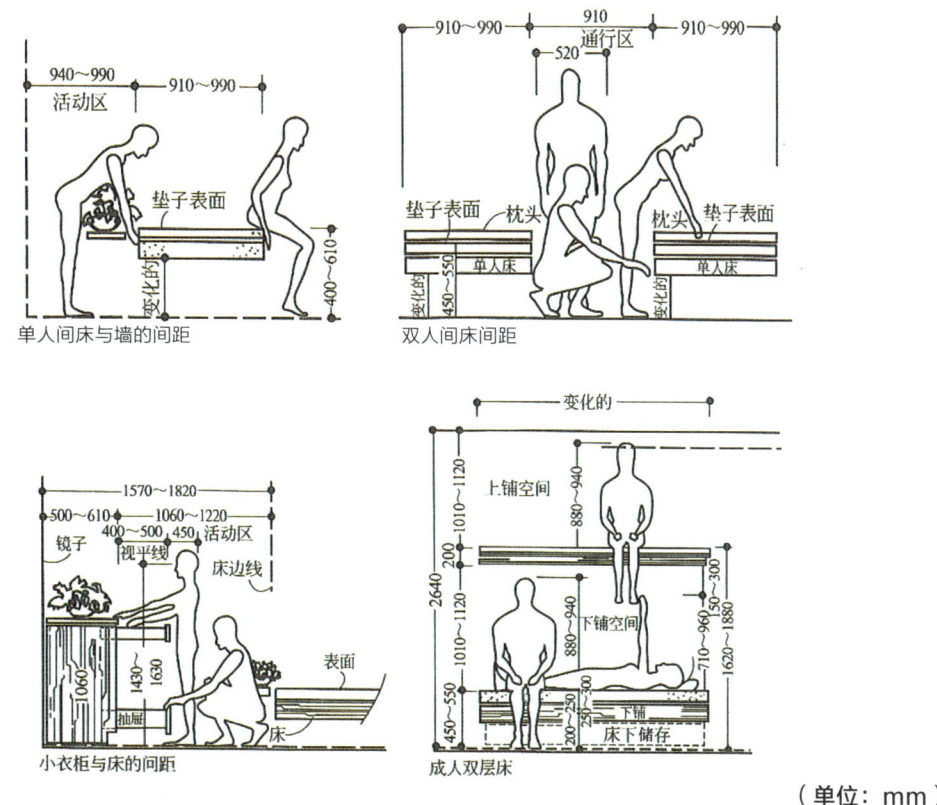

图 5-42 通行与活动空间尺寸

（2）存取衣物活动空间尺寸，见图 5-43。

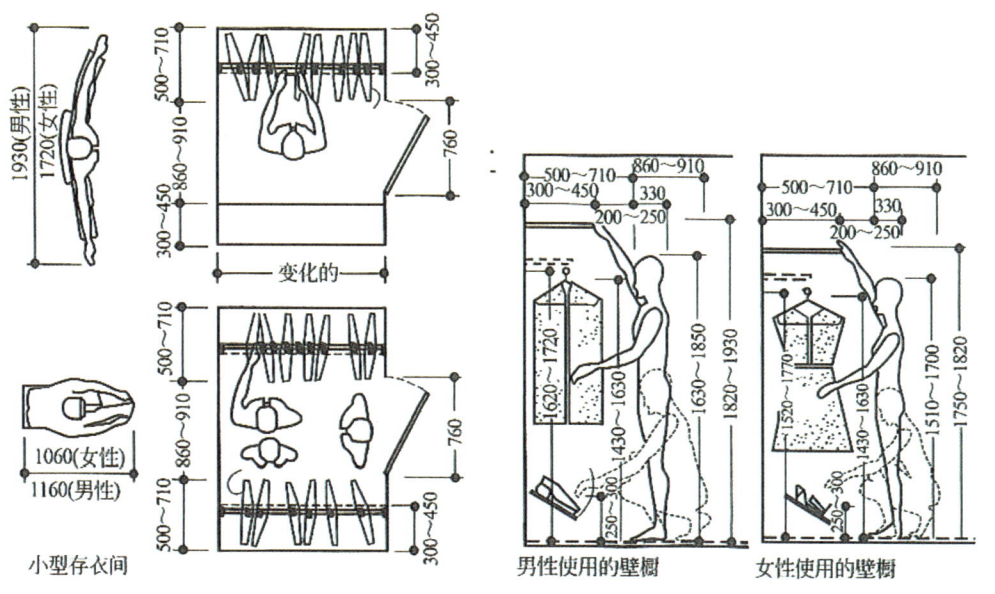

图 5-43 存取衣物活动空间尺寸

（3）衣柜高度与存取尺寸，见表5-6。

表5-6　衣柜高度与存取尺寸

（单位：mm）

高度	使用建议
<600	使用率较低物品的存储空间；轻物品易存取，重物品存取比较困难
600～800	物品容易存取
800～1100	存储的最佳区域
1100～1400	轻物品易存取，视觉可达性好，重物品存取比较困难
1400～1700	多数成年人能够存取，建议存放轻质物品
1700～2200	使用率较低物品的存储空间，借助工具存取

（4）人体与储存性家具的功能区分见图5-44。

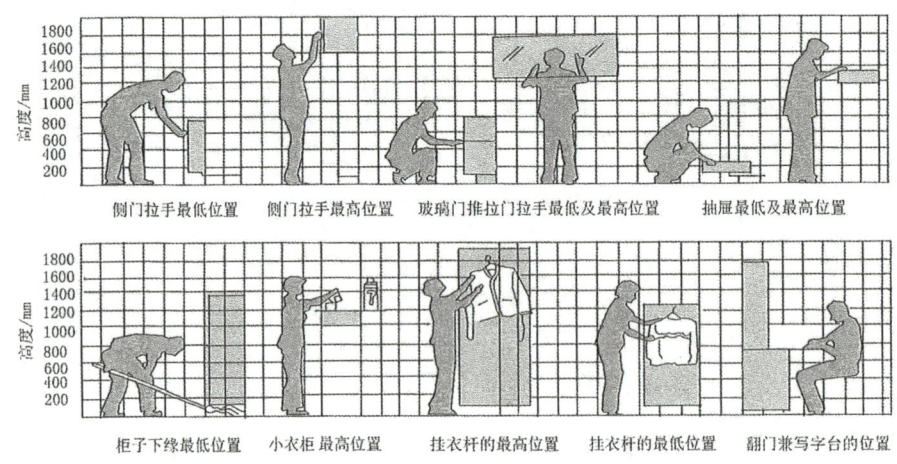

图5-44　人体与储存性家具的功能区分

（5）梳妆与读写活动空间尺寸见图5-45和图5-46。

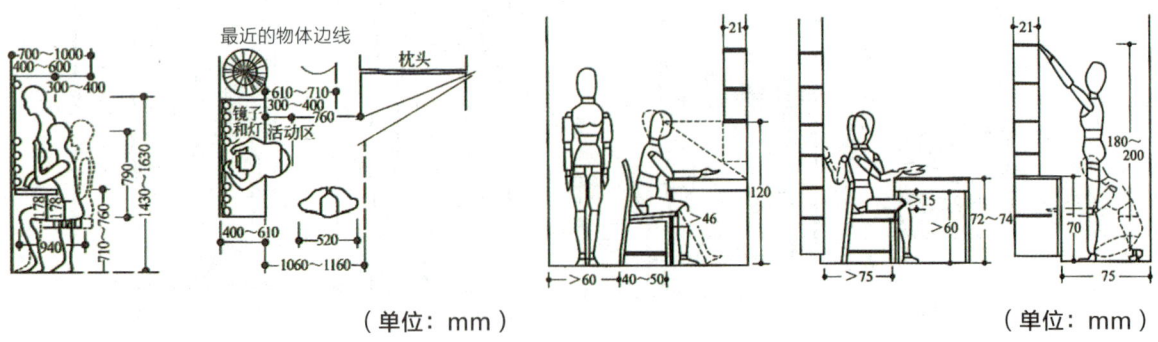

图5-45　梳妆活动空间尺寸　　　　图5-46　读写活动空间尺寸

4.卧室环境设计

（1）卧室光环境。

卧室是休息的场所，应根据使用特点、家庭行为习惯等进行针对性的人工照明设计。卧室的主要照明可选用乳白色吸顶灯，安装于卧室的中央，一般要求0.75m水平面照度在75lx较适宜。床头阅读灯宜安装于墙上，距地1.8m，或安放床头柜台灯，阅读照度要求在150lx左右。注意灯光不能太强，照明应有利于营造宁静、温馨的气氛，使人有一种安全、舒适的感觉。

（2）卧室色彩。

卧室的色彩与居住者的性格有密切的联系，以温暖、和谐为主调，低纯度、低彩度的暖灰色较为适宜。

（3）卧室声环境。

卧室是人们停留时间最长的空间，噪声会影响人的情绪和睡眠。因而卧室防噪声和隔声处理是设计时需要考虑的重要因素。卧室对噪声的控制要求为白天小于或等于40dB，夜间小于或等于30dB。

（4）卧室热环境。

卧室的热环境主要取决于房间的朝向以及楼层。通常南向的房间比北向的房间温暖，中间楼层比顶层和底层的干燥舒适。为保证舒适的热环境，可以通过制冷、通风等达到目的。

三、学习任务小结

卧室是居住空间里最具私密性的场所，设计要符合安静、舒适、个性化等条件。在设计时必须充分考虑使用者的身体尺寸、卧室家具的尺寸和空间布局要求等，最大限度满足安全、舒适的设计原则。本次学习任务详细讲解了卧室的功能分区与布置形式，以及卧室的家具尺寸、卧室的人体尺寸关系和卧室的环境设计，重点解决了卧室中人的静态尺度、活动空间尺度、心理空间尺度与家具设施、环境的关系。课后，同学们要结合理论知识，通过实践测量的方式对卧室内的功能尺寸进行验证。

四、布置作业

（一）前置学习

（二）综合实训

张咪是一名初中学生，家就在学校附近，平时自己步行上课。现在需要设计她个人的卧室，卧室面积10m²，要求除了睡眠区域外，还要有读写、穿衣打扮以及收纳衣物、床上用品和书籍的区域。请你为她出出主意，画出卧室布置平面图以及读写区域的立面图、标注关键尺寸，附设计说明。

（三）思考与总结

（1）衣柜高度与存取使用建议是怎么样的？说明了什么问题？

学习任务 四 厨房空间设计

教学目标

（1）专业能力：根据厨房的规划原则、功能和需求，结合厨房中的人体尺寸以及活动空间尺度进行厨房空间设计。

（2）社会能力：根据教学需求独立或合作学习，完成学习任务，参与教学互动、懂得发现、分析、解决、归纳厨房空间设计中的人体工程学问题和规律，有效表达调研和学习成果。

（3）方法能力：能主动学习厨房相关人体工程学信息与资料，能运用知识和方法开展厨房空间设计实训，学会分析、评价与总结。

学习目标

（1）知识目标：依据厨房的人体尺寸以及活动空间尺度进行厨房空间设计。

（2）技能目标：运用厨房家具与设备的基本尺寸以及人在厨房中的各种活动尺寸进行厨房空间设计。

（3）素质目标：学习态度端正，自主学习，学会感恩与尊重、合作与担当。

教学建议

1. 教师活动

根据学生和教学实际进行备课，组织前置学习，提高学生自主学习能力。通过展示和赏析厨房空间设计案例，指导学生实训，提高学生对人体工程学在厨房空间设计中应用的认识。组织评价，发现教学中存在的问题，及时整改和辅导。

2. 学生活动

（1）观察和体验厨房操作，主动学习，开展前置学习，构建有效促进自主学习、自我管理的学习模式。

（2）制定与实施学习计划，主动参与教学互动和实训，学会与他人沟通合作，按要求完成学习任务。

（3）懂得展示、讲解、点评学习成果，总结归纳厨房中人体工程学知识和应用规律，注重表达能力和沟通协调能力的培养，学以致用。

一、学习问题导入

中央电视台的一档美食类纪录片《舌尖上的中国》，以食物为线索，将中国各地不同的地理气候、风俗礼仪、生活状态等一路铺开，用普通劳动者的故事串起了民族饮食文化。同时，用独特的影像和音乐，充满趣味地描绘各地人们获取食材、料理烹饪、共享美食的场景，引起了巨大反响。民以食为天，人们一日三餐少不了料理烹饪，做一份可口的饭菜来慰藉疲惫的身心。厨房已经成为居住空间中一个重要的、必不可少的空间，见图5-47。

图 5-47 烹饪与厨房

二、学习问题讲解

1. 厨房规划原则与布置形式

（1）厨房的规划原则。

厨房是居住空间中使用最频繁、家务劳动最集中的地方。除了烹饪外，现代厨房还具有强大的收纳功能。厨房空间设计要更多考虑使用者的尺度，以实用、安全、方便和卫生为原则。

（2）足够的操作空间。

洗涤、配切、烹饪是厨房最核心的功能。在厨房里，要洗涤和配切食物，要有搁置餐具、熟食的周转场所，以及存放烹饪器具和佐料的地方，以保证基本的操作空间。厨房的合理布局、有足够的操作空间，是厨房空间设计的关键。

（3）充分的活动空间。

厨房的布局是按照厨房的基本操作流程展开的，冰箱、水池和炉灶使用频率最高，三点连线形成三角形动作区域是最好的一种布局形式。研究表明，三边之和以3600～6600mm为宜，过小会局促，过大让人容易疲劳。

（4）丰富的储存空间。

厨房常用组合式吊柜、吊架打造贮存物品的空间。组合橱柜的底柜贮存重量较大的瓶、罐、米、菜等物品，操作台上可设置存放食用油、酱油、糖等调味品及餐具的柜、架，吊柜可以存放较轻的物品。厨房存贮空间见图5-48。

2. 厨房的布置形式

（1）一字型厨房。

一字型即将洗涤槽、操作台、灶台设置在一条直线上，所有的橱柜等厨房设备都设置在一面墙上的形式，适合面积较小的厨房。使用者的动作呈直线来回进行，动线较长，最好依据"洗、切、炒"的使用顺序，安排好冰箱、砧板操作台、灶台等区域的顺序和位置，提高操作效率，见图5-49。

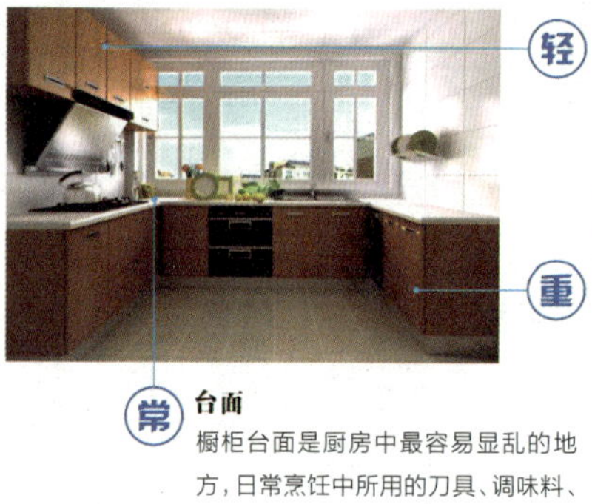

（2）L型厨房。

L型厨房就是利用墙面的转角布置橱柜，整体形态呈现字母"L"形的布局形式。其活动范围集中在清洗、料理、烹饪组成的三角区内，适合于狭长形、长宽比例大的厨房。转角部分易形成视觉盲区，可以装一个转角柜，充分利用空间，见图5-50。

吊柜
吊柜位于橱柜的最上层，使厨房的上层空间得到充分的利用，一般可以放置重量较轻的物品，如碗碟或易碎品放在吊柜下层，使用频率较低的物品则放在吊柜的上层。

地柜
地柜位于橱柜的底层，放置较重的锅具或厨具。

台面
橱柜台面是厨房中最容易显乱的地方，日常烹饪中所用的刀具、调味料、微波炉、电水壶等为了方便使用，都放在这里。因此，橱柜台面必须根据使用者操作习惯分区设置存放区域。

图5-48 厨房存贮空间

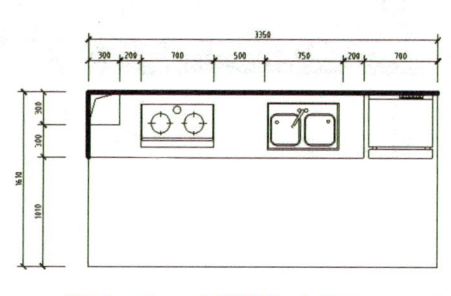

图5-49 一字型厨房（单位：mm）

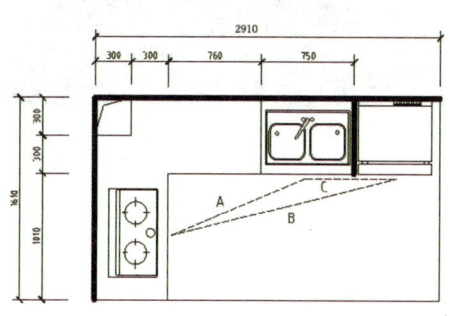

图5-50 L型厨房（单位：mm）

（3）双边型厨房。

双边型厨房就是在一字型厨房的基础上增加了对面一组橱柜，形成两边对称、中间通行的布局形式。双边型厨房要求厨房有足够的宽度，以便容纳双操作台和走道。根据厨房的基本操作程序"洗 + 切"，即冰箱、储物柜、水槽、加工台放在一侧，灶台、调味品区、备餐台放在另一侧，这样能让双边型厨房的使用效率最大化，见图5-51。

（4）U型厨房。

U型厨房就是利用墙面的转角布置橱柜，整体形态呈现字母"U"形的布局形式，是实用高效的布置形式，活动空间更灵活，适用于宽度较大的厨房。利用三面墙布置操作台和橱柜，形成等距离的工作三角区域，极大地提高了厨房的工作效率，见图5-52。

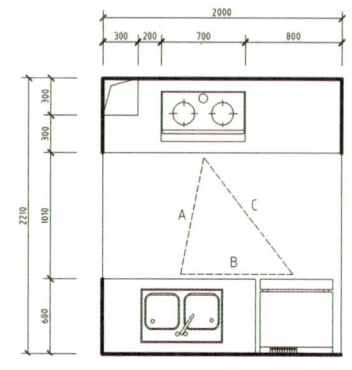

图5-51 双边型厨房（单位：mm）

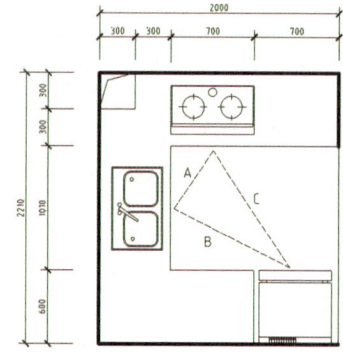

图5-52 U型厨房（单位：mm）

（5）岛型厨房。

岛型厨房既有双操作台，中间又留有通道，常把灶具或水池单独设于厨房中心位置，其他设备围绕它布置，适合具有足够宽度和深度、面积宽敞的厨房，见图 5-53。

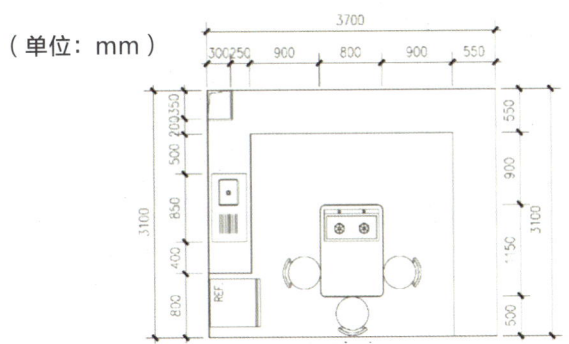

（单位：mm）

图 5-53　岛型厨房

大部分居住空间的厨房设计都采用 L 形或 U 形布置，水池尽量靠外墙或窗，排水管设在室外以便排水管接出。燃气灶布置在紧靠实墙面的工作台上，与洗涤池或冰箱保持一定的距离。烟道一般布置在离燃气灶最近的地方，最好是在利用率不高的转角空间。布置冰箱要适当考虑留有冰箱的散热空间。

3. 厨房电器与整体厨柜

（1）厨房常用电器。

厨房电器是专供厨房使用的家用电器，见图 5-54 和图 5-55 所示，分别是电烤箱、燃气灶、微波炉、抽油烟机、消毒碗柜、电饭锅和电冰箱的常用尺寸。厨房电器按安装的方式可分为独立式、普通嵌入式和全嵌入式三种，外形尺寸因型号、安装方式等各不一样。进行厨房空间设计时，必须充分了解厨房电器的种类、型号和尺寸，并预留足够的空间放置。

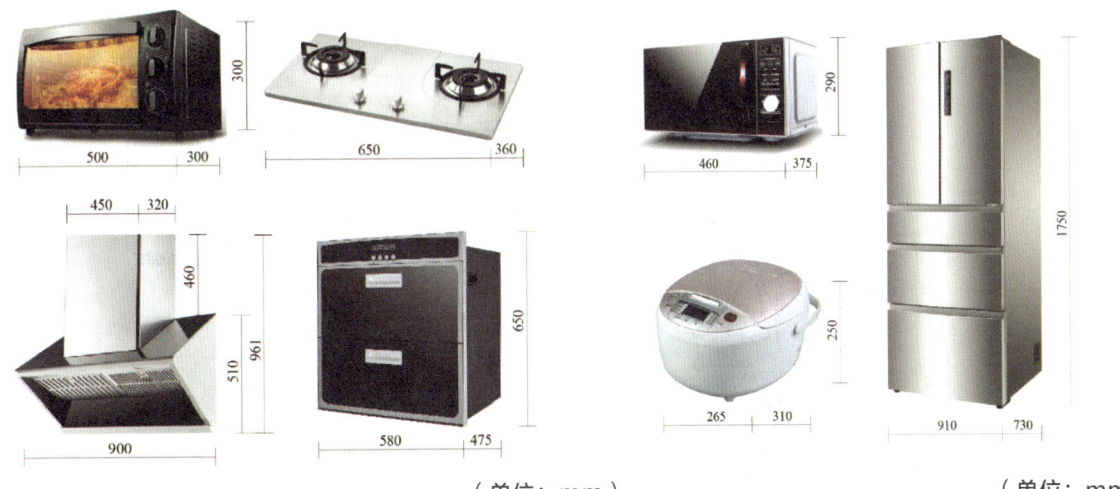

（单位：mm）　　　　　　　　　　　　　　　（单位：mm）

图 5-54　厨房常用电器及参考外形尺寸 1　　　　图 5-55　厨房常用电器及参考外形尺寸 2

（2）整体橱柜示意图。

整体橱柜是指由橱柜、电器、燃气具、厨房功能用具四位一体的橱柜组合，相比一般橱柜，整体橱柜的个性化程度更高，可以根据不同需求定制，使厨房工作的操作程序更高效协调，并营造出良好的备餐环境，见图5-56。

4.厨房的人体尺寸关系

（1）炉灶操作的人体尺寸关系见图5-57。

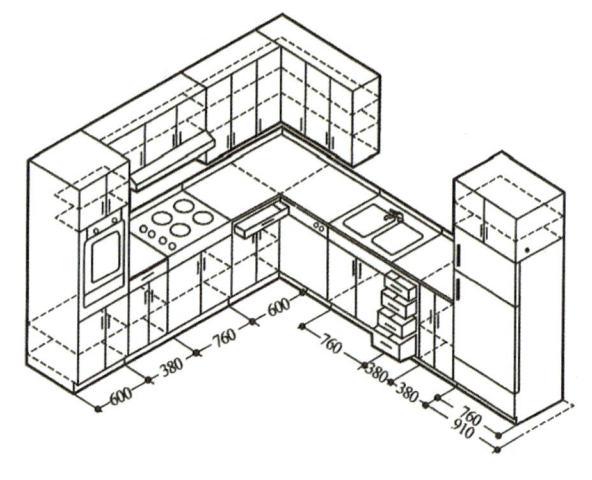

（单位：mm）

图 5-56 整体厨房示意图

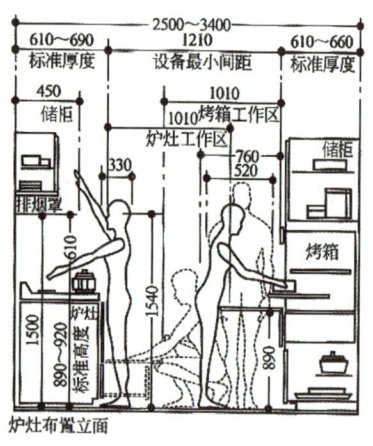 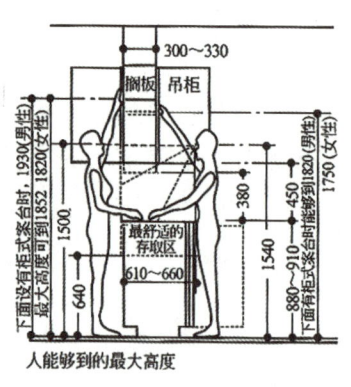 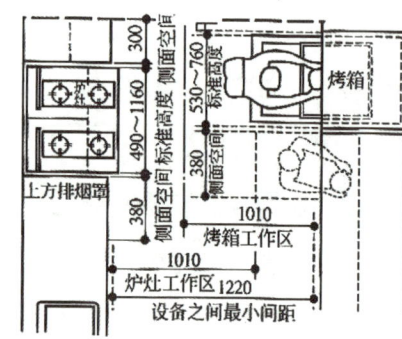

（单位：mm）

图 5-57 炉灶操作的人体尺寸

（2）案台操作的人体尺寸关系见图5-58。

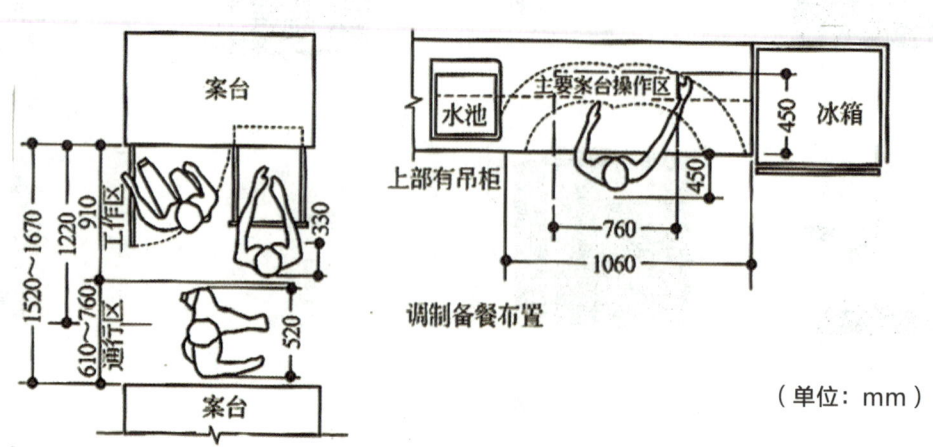

（单位：mm）

图 5-58 案台操作的人体尺寸

人
体
工
程
学

（3）水池操作的人体尺寸关系见图5-59。

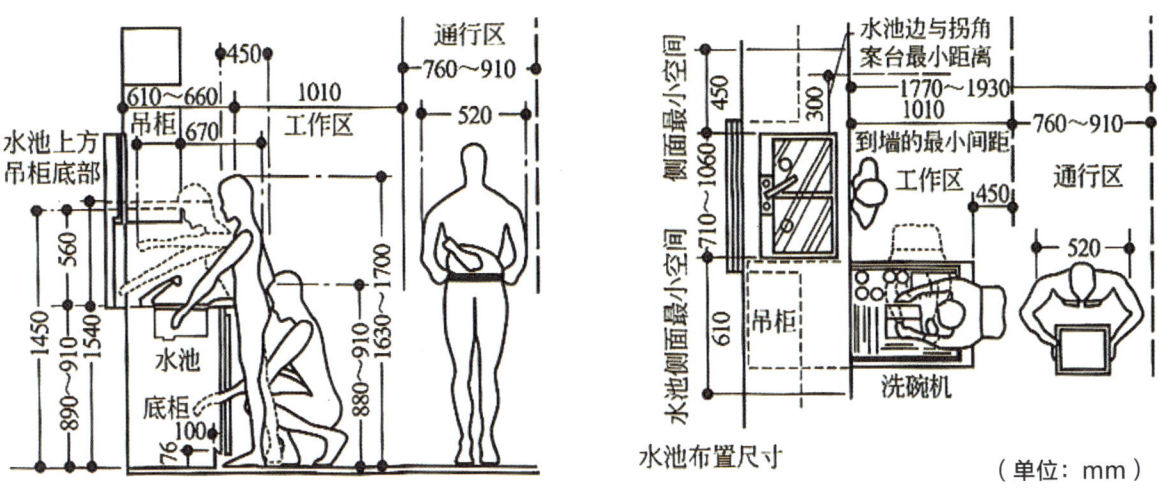

图 5-59 水池操作的人体尺寸

（4）冰箱操作的人体尺寸关系见图5-60。

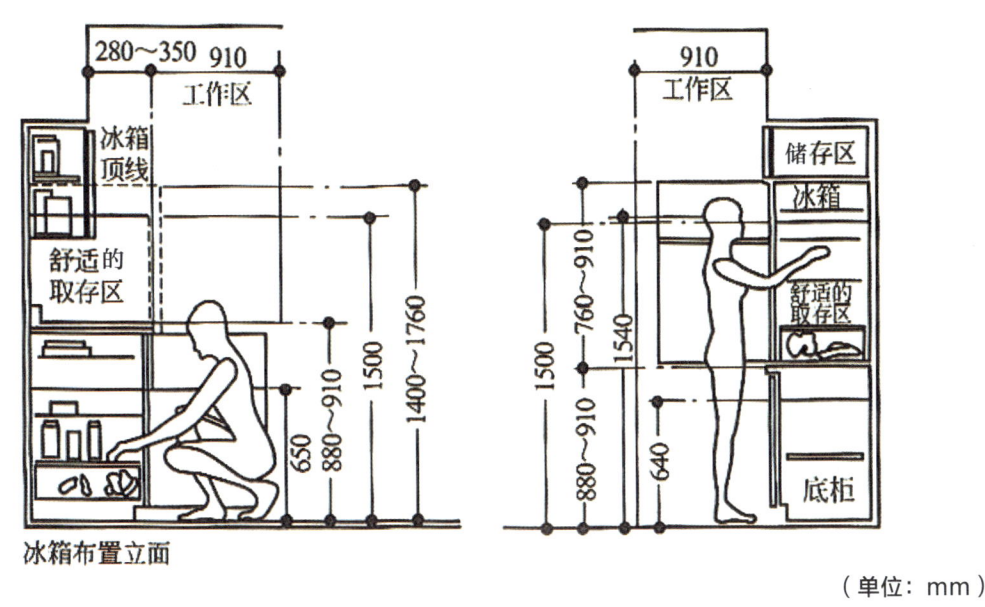

（单位：mm）

图 5-60 冰箱操作的人体尺寸

5. 厨房环境设计

（1）厨房光环境。

厨房的一般照明灯具安装于顶部，可采用吸顶且便于清洁的节能灯，距地0.75m工作面照度在100lx左右。灶台上的照明由抽油烟机自带。操作案台采用局部照明来满足，操作案台照度在150lx左右，可在吊柜底部安装嵌入式筒灯。

（2）厨房色彩。

厨房用色以明亮、洁净的色调为宜，暖灰色与木色系列是常见的厨房用色。

（3）厨房声环境。

烹饪操作过程中会产生各种噪声，因而厨房的门、吊顶、楼板都需要做一些隔声处理，以免对其他空间或邻居造成干扰。

（4）厨房热环境。

厨房的热环境关系到使用者的舒适感。厨房的通常标准是温度保持在17～27℃，湿度在40%～70%为宜。

三、学习任务小结

通过本次学习任务的学习，同学们了解了厨房的规划原则、厨房中的人体尺寸以及活动空间尺度。只有熟知在厨房家务中人的尺寸和活动空间，并灵活运用，才能有效地解决储藏、清洗、烹饪、冷冻、上下供排水、排气等功能，提高厨房整体的格调、布局、功能与作业的舒适度。课后，同学们要通过实测厨房家具的尺寸，收集厨房设计所需数据，为厨房空间设计积累经验。

四、布置作业

胡一斐夫妻是参加工作不久的年轻人，经济上并不富裕，但是又想把家安定下来，所以选择购买了60 m²的小户型作为过渡。为了让5m²的小厨房更加方便实用，请你为他们设计厨房空间方案，画出平面图和主要立面图，标注主要的功能尺寸。

卫浴空间设计

学习任务 五

教学目标

（1）专业能力：根据卫浴空间的功能和需求，以及卫浴空间中的人体尺寸以及活动空间尺度进行卫浴空间设计。

（2）社会能力：独立或合作学习，完成学习任务；参与教学互动、懂得发现、分析、解决、归纳卫浴空间设计中人机问题和规律。

（3）方法能力：主动学习卫浴相关人体工程学信息与资料；运用知识和方法开展卫浴空间设计实训，学会分析、评价与总结。

学习目标

（1）知识目标：掌握卫浴空间的功能和布置形式、人体尺寸以及活动空间尺度，并进行卫浴空间设计。

（2）技能目标：运用卫浴家具与设备的基本尺寸、人在卫浴空间中的各种尺寸与环境关系，进行卫浴空间设计。

（3）素质目标：学习态度端正，能自主学习，具有自律意识、时间意识与成长意识，完成卫浴空间设计相关学习任务的同时，学会感恩与尊重、合作与担当。

教学建议

1. 教师活动

根据学生和教学实际组织学习与调研，理论联系实际，提高学生自主学习能力。通过展示和赏析卫浴空间设计案例，指导学生实训，提高学生对人体工程学在卫浴空间设计中应用的认识。组织评价，发现教学中存在的问题，及时整改。

2. 学生活动

（1）主动学习，构建有效促进自我成长、自我管理的学习模式。

（2）制定与实施学习计划，主动参与教学互动和实训，学会与他人沟通合作，按要求完成学习任务。

（3）懂得展示、讲解、点评学习成果，总结归纳卫浴中人体工程学知识和应用规律，注重表达能力和沟通协调能力的培养，学以致用。

一、学习问题导入

世纪交替的时候，有部名为《洗澡》的电影上映了。影片以北京一个普通的澡堂为背景，讲述了 20 世纪末北京的邻里百态和父子、兄弟之间感人的亲情故事。在一些地方澡堂已经形成了特定的文化，在澡堂人们不仅可以洗澡、搓澡、修脚、拔火罐，还可以和老街坊们聊天、交流。现如今，独立的卫浴空间已经成为居住空间的标配，满足了各种洗浴的功能需求，见图 5-61。

图 5-61 澡堂子中的场景 （杨鹏作）

二、学习问题讲解

1. 功能分区与布置形式

（1）卫浴空间的功能分区。

卫浴空间是居住空间中较为私密的场所，卫浴空间的功能可以分为如厕、盥洗、洗浴、储物，其中如厕、盥洗、洗浴是卫浴空间的主体功能。如厕的区域主要设置有坐便器或蹲便器，盥洗区主要解决刷牙、洗脸、皮肤护理等需求，洗浴区主要设置淋浴间或浴缸，储物区主要储存各种卫生、洗浴、清洁用品，见图 5-62。

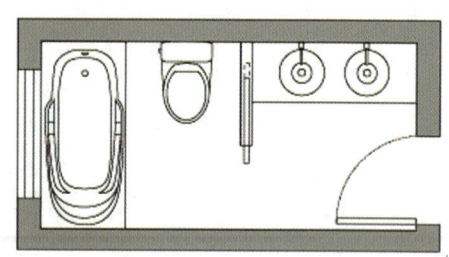

图 5-62 卫浴空间平面图

（2）卫浴空间设计要求。

卫浴门尽量避免直对餐厅、客厅等公共空间，同时尽量不与卧室门正对。卫浴空间要干湿分区，即将有如厕和盥洗功能的干区与洗浴功能的湿区分离。卫浴空间通风要好，采光尽量充足，保证空气流通。

2. 卫浴空间的分类

卫生间可根据使用者进行分类，不同的使用人群在设备配备和功能划分上有所不同。

（1）主人用卫生间。

主人使用的卫生间设置在主人卧室，具有较强的私密性和专属性，可根据主人的喜好增添沐浴设施、浴缸和附加功能，以提高生活质量。

（2）公共卫生间。

公共卫生间供其他家庭成员和客人使用，通常设置淋浴区而不设置浴缸。如没有生活阳台，需要预留洗衣机位置。

（3）老人用卫生间。

家中如有老人，可以按照无障碍规范设计改进卫浴空间的设施，如加大通道面积、增加扶手以及求助装置等，满足老人生活安全需要。

3. 卫浴空间的布置形式

（1）干湿分离型。

干湿分离是卫浴设计中比较流行的设计概念。使用传统的浴室设备，洗澡之后浴室充满水汽，潮湿的空气长期在浴室中滞留，造成了空气的污浊。干湿分离主要指洗手台、坐便器和浴室的分离。

（2）带有储藏室型。

除如厕、盥洗、洗浴区域外，另外规划独立的储藏室，收纳卫生用品、清洁工具等。

（3）大空间型。

大空间型卫浴面积大，除基本的如厕、盥洗、洗浴区域外，还可以设置蒸桑拿、泡浴等功能设施，满足使用者多方面的需求。

（4）大空间适合老年人、残疾人使用型。

针对性研究老年人、残疾人人体尺寸和活动规律，以及辅助生活设施的特点，规划设计卫浴空间，选用"适老化"卫浴产品，解决这两类人群的生活问题，见图5-63和图5-64。

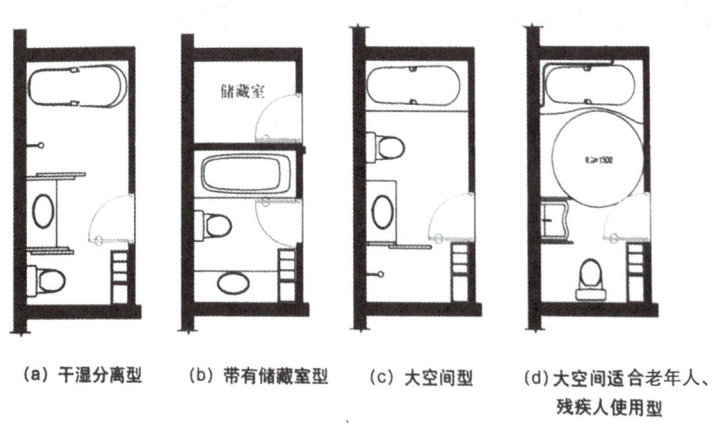

(a) 干湿分离型　　(b) 带有储藏室型　　(c) 大空间型　　(d) 大空间适合老年人、残疾人使用型

图5-63 卫浴空间的布置形式

图5-64 无障碍卫浴空间

4. 洁具

卫生洁具是洗浴空间中的主要用具，其样式、规格和尺寸对洗浴空间的设计起着重要作用。

（1）坐便器。

坐便器按款式分类，有分体坐便器、连体坐便器和挂墙式坐便器三种。分体坐便器的水箱与座体分开设计、安装；连体坐便器的水箱与座体一体成型，占地较小；挂墙式坐便器的水箱嵌入墙体内部，节省空间，但是对入墙水箱、座体的质量要求较高。坐便器常见的尺寸长度620～700mm，宽度300～500mm，高度（包括水箱）600～700mm，见图5-65。

图 5-65 分体坐便器、连体坐便器和挂墙式坐便器

（2）面盆。

面盆是盛水用于面部清洁和洗漱的器具，按款式分类有台上盆、台下盆和柱盆三种。台上盆是盆体安装在台面上的面盆；台下盆是盆体安装在台面下形成内凹的面盆类型；柱盆是面盆下方靠柱体支撑，并形成统一形体的面盆类型。面盆常见的尺寸为600mm×460mm、800mm×460mm、1000mm×460mm等，见图5-66。

图 5-66 台上盆、台下盆和柱盆

（3）浴缸。

浴缸是供泡澡用的卫浴用具，布置形式有搁置式、嵌入式和半下沉式三种。搁置式即把独立成型的浴缸摆放于淋浴区；嵌入式是将浴缸嵌入台面，与墙面形成统一整体；半下沉式是把浴缸的三分之一埋入地面或者埋入带台阶的高台，浴缸在浴室地面上或台面上约为400mm。与搁置式浴缸相比嵌入浴缸进出轻松方便，适合年老体弱者使用，使用范围比较广泛，浴缸样式和尺寸见表5-7和图5-67。

表 5-7 浴缸尺寸

（单位：mm）

类别	长度	宽度	高度
普通浴缸	1200、1300、1400、1500、1600	700～900	355～18
坐泡式浴缸	1100	700	475（坐处310）
按摩浴缸	1500	800～900	470

图 5-67 搁置式、嵌入式、半下沉式浴缸

（4）淋浴房。

① 普通型淋浴房。

普通型淋浴房用钢化玻璃或有机玻璃板作为隔断浴屏，边框主材为铝合金或锌合金，表面喷塑。普通型淋浴房按其外形可分为曲线形、钻石形、圆弧形等，底部大多安装有亚克力淋浴盆，起到防水作用。常见尺寸为1200mm×800mm×2200mm，见图5-68。

② 电脑淋浴房。

电脑淋浴房集普通淋浴房和浴缸功能于一体，主要有蒸桑拿、按摩、淋浴、泡浴等功能，其框架主材为亚克力，常见尺寸为900mm×1500mm×2150mm，见图5-69。

③ 桑拿房。

桑拿房的主要材料是松木和钢化玻璃，主要功能是蒸桑拿，要求密闭效果好、耐热、耐高温，见图5-70。

图5-68 普通型淋浴房　　　　　图5-69 电脑沐浴房　　　　　图5-70 桑拿房

5. 卫浴空间的人体尺寸关系

（1）洗漱区人体相关尺寸见图5-71。

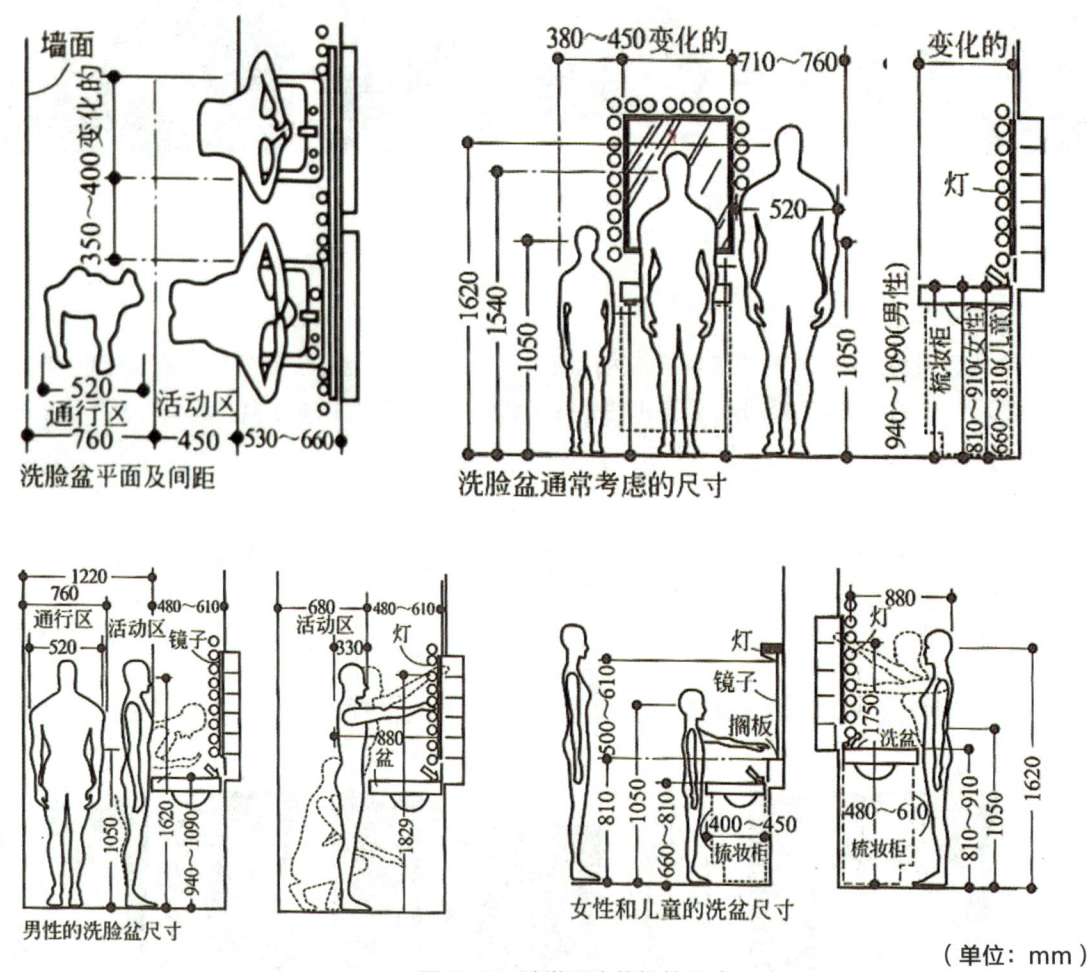

图 5-71 洗漱区人体相关尺寸

（2）如厕区尺寸见图5-72。

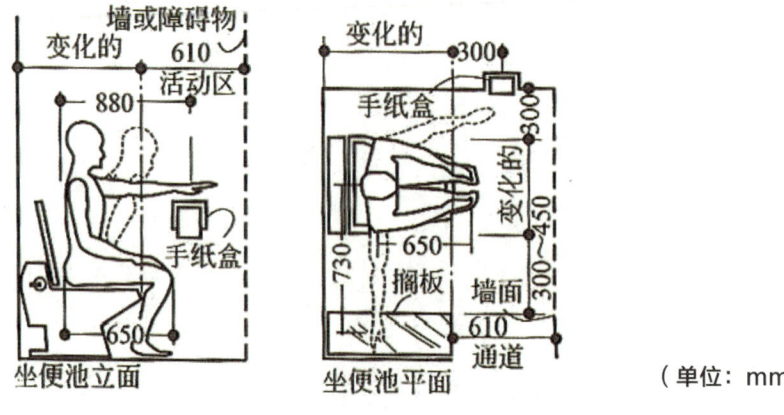

图 5-72 如厕区平面图与立面图

（3）淋浴间尺寸见图 5-73 和图 5-74。

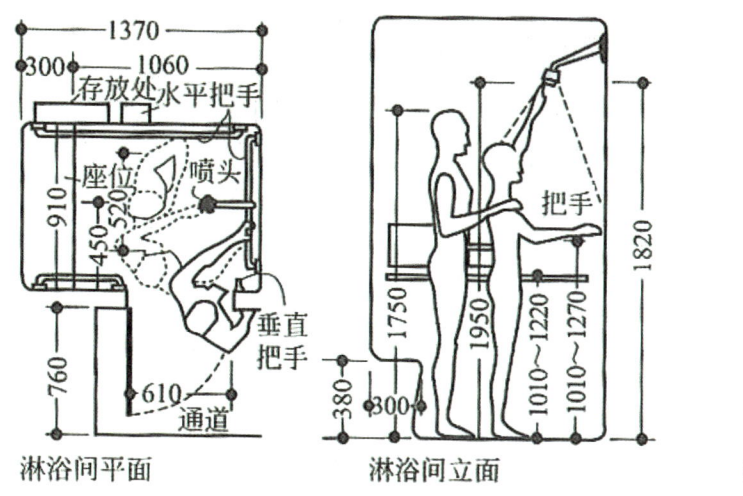

图 5-73 淋浴间的平面图和立面图

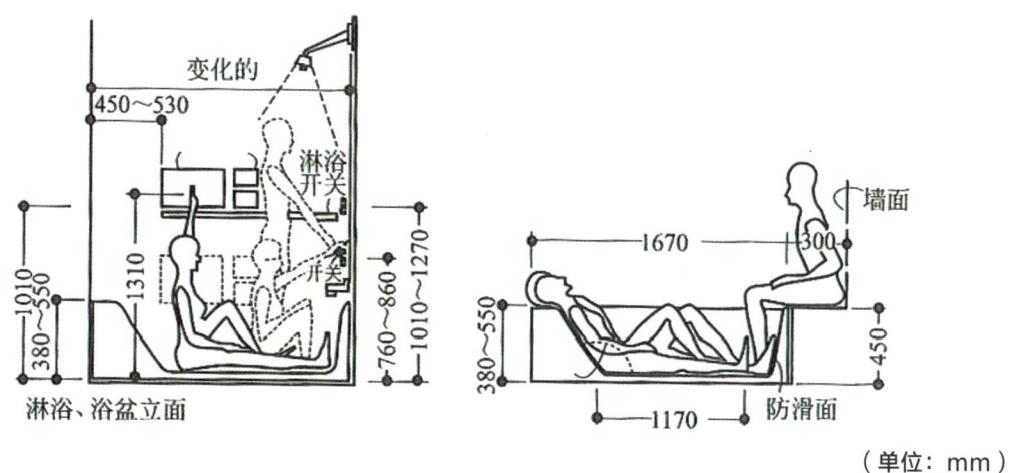

图 5-74 淋浴与浴盆立面

6. 卫浴空间环境设计

（1）卫浴空间光环境。

卫浴空间讲究私密性，除自然采光外，主要采用人工照明。照明灯具应选用防潮且宜清理、照度在 100lx 左右的灯具。洗面盆上的镜前或镜侧壁灯可选用白炽灯或高显色性节能灯作光源，相关色温不高于 3300K 较适宜，若兼有化妆功能，标准要求 1500mm 高度的垂直面照度不低于 150lx。

（2）卫浴空间色彩环境。

卫浴空间的色彩设计以简约、温馨为原则，常用素雅整洁的色调，如乳白色、淡绿色、淡蓝色、浅米黄色等进行组合，营造舒适、温暖的空间气氛，见图 5-75。

图 5-75 卫浴空间的色彩环境

（3）卫浴空间声环境。

卫浴空间经常产生各类声音，换气扇运行时的声音约 55dB，洗衣机约 60～80dB，电吹风最高时超过 80dB，还有冲厕和淋浴产生的声音等。虽然这些声音的声压级不算很大、持续的时间不长，但是对周边环境存在一定影响，特别夜深人静的时候，所以要做好隔音处理。

（4）卫浴空间热环境。

卫浴空间最佳室内湿度是 25℃，低于 18℃或高于 28℃都会影响室内的舒适感。在条件允许的情况下，可以考虑安装通风、降温、安装供暖设备如浴霸等维持卫浴空间在使用时的热环境。

三、学习任务小结

不同的卫浴空间因为大小、方位、格局的不同，设计原则也有所差别，但是最终需要呈现的空间一定有一个共同的准则，就是整洁、实用。卫浴空间设计首先从使用者的尺寸、动作空间和心理空间尺度出发，真正满足使用者的需求。设计时，一是在图纸设计上清晰写出各功能区域的布置、门窗的开启位置与范围、柜体等予；二是运用"动态"思维，将自己代入实际的使用环境中，仔细思考使用者的每一个动作、行为。在此基础上，再考虑整体设计的风格、色彩等，从根本上满足使用者生理和心理的需求。

四、布置作业

某家庭父母和一对子女共 4 人，儿子读初三，女儿和儿子相差两岁。图 5-76 是该家的公共卫浴平面图，请你为他们设计适用的卫浴空间，画出设计卫浴空间的平面图和盥洗区的立面图，标注主要的尺寸，并详细写出设计说明。

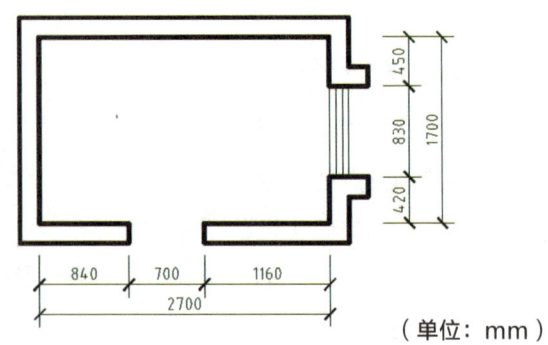

（单位：mm）

图 5-76 卫生间平面框架图

项目六
公共空间设计

学习任务一　办公空间设计
学习任务二　餐饮空间设计

办公空间设计

教学目标

（1）专业能力：根据办公空间的功能与需求，运用相关人体尺寸、活动空间尺度和心理行为方面知识，合理运用办公家具布置方式、办公空间的人体尺寸以及活动空间尺寸和办公环境要求进行办公空间设计，营造舒适、高效的办公环境。

（2）社会能力：根据教学需求独立或合作学习，具有团队合作的能力，参与教学互动、懂得发现、分析、解决、归纳办公空间设计中人体工程学的问题和规律，有效表达调研和学习成果。

（3）方法能力：收集、学习设计相关的人体工程学信息与资料，运用人体工程学的知识和方法开展办公间设计实训，学会分析、评价与总结。

学习目标

（1）知识目标：掌握办公空间基本类型和功能区域分类、办公家具及其布置方式与人体尺寸以及办公行为与办公空间设计的关系，懂得办公空间环境基本的技术要求。

（2）技能目标：运用办公家具的尺寸与布置形式、人在办公空间中的各种尺寸关系，解决办公空间设计的相关问题，在空间布局上更好地满足人的需求。

（3）素质目标：学习态度端正，自主学习，具有自律意识、时间意识与成长意识，完成办公空间设计相关学习任务，学会感恩与尊重、合作与担当。

教学建议

1. 教师活动

（1）根据学生和教学实际充分准备，理论联系实际，组织前置学习，调动和提高学生自主学习能力。通过展示办公空间设计案例，指导学生实训学习，提高学生对人体工程学在办公空间设计应用的认识；组织评价，发现教学中存在的问题，及时整改。

（2）引导学生体验办公人员的工作行为和职业要求，从而树立设计服务理念。

2. 学生活动

（1）通过考察或查找资料、调研办公空间的类型等方式，构建有效促进学生自主学习、自我管理的教学模式和评价模式。

（2）制定与实施学习计划，主动参与教学互动和实训，学会与他人沟通合作，按要求完成学习任务。

（3）懂得展示、讲解、点评学习成果，总结归纳办公空间中人体工程学知识和应用规律，注重表达能力和沟通协调能力的培养，学以致用。

一、学习问题导入

看过《遗落战境》的人都知道，主角的办公环境和工位设计无比独特、酷炫。富有创意的办公环境会激发员工的工作热情。办公空间设计的最大目标就是要为工作人员创造一个舒适、方便、卫生、安全的工作环境，提高员工的工作效率，其中舒适涉及建筑声学、建筑光学、建筑热学、环境心理学、人体工程学等学科；方便涉及功能流线分析、人体工程学；卫生涉及绿色材料、卫生学、给排水工程；安全则涉及建筑防灾、装饰构造等内容，见图6-1。

图6-1 《遗落战境》剧照

二、学习问题讲解

1. 办公空间功能区域

（1）导入区域。

导入区域包括前台、门厅、接待区，这是来访者进入企业的过渡场所，是企业给来访者的第一印象，因而是办公空间设计的重点。从功能上考虑，只有交通功能的导入区域，符合人流疏散要求即可，而兼有交通和接待功能的导入区域，设计时须考虑交通动线的流畅、立面主背景墙的吸引力和休息区域的舒适度，见图6-2。

图6-2 办公空间导入区域

（2）通行区域。

通行区域包括了走廊、过道及楼梯等公共交通空间，是联系办公空间设计各个功能区域重要的纽带。封闭式楼梯除了发挥联系通道功能外，还可作为隐蔽的储存空间。开敞式楼梯可营造多层次的韵律感，带给空间丰富的节奏感，如增设图书阅读区、休息区、交流区、培训区等功能区，见图6-3和图6-4。

（3）公共区域。

公共区域多指内外人际交往或者内部人员聚会、休闲、展示等空间区域，如茶水间、休息室、洽谈区、会议室和展览室。公共区域是办公空间中最具人性化设计的区域，设计时应更多地考虑人与空间的互动关系。

图6-3 办公空间通行区域电梯口

图6-4 办公空间通行区域过道

（4）工作区域。

工作区域是办公空间的核心部分，是工作的主要空间。根据工作的特点、种类和模式，在空间形式组织上有开敞式、半敞开式、封闭式三种。在设计上需要更多考虑工作人员的沟通、上下属关系、设备摆放与尺寸关系，见图6-5～图6-8。

图6-5 工作区域半敞式功能区

图6-6 工作区域半敞开式功能区

图6-7 工作区域封闭式功能区

图6-8 工作区域开敞式功能区

（5）附属设施用房。

附属设施用房是办公空间中为办公提供服务的辅助性功能空间，包括档案室、资料室、图书室、复印、打印机房和机房等。

① 办公空间功能关系。

办公空间根据不同功能进行区域分类，从而进行整体空间的规划布置。办公空间平面功能关系见图6-9。

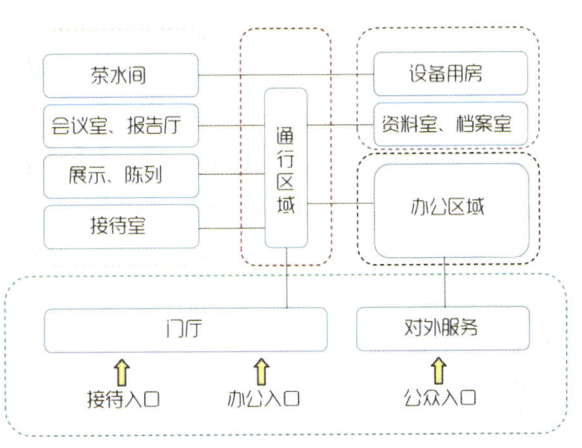
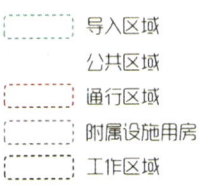

图6-9 办公空间功能关系

2. 办公空间布置类型

（1）单间式办公空间。

单间式办公空间指的是由多个独立的办公单间构成的办公空间。这些办公单间采用全封闭、半封闭或透明式隔断等形式分割而成，分布在走道的一侧或两侧。单间式办公空间环境安静，相互干扰少，服务设施共用，适用于工作独立性强且人员较少的办公空间，见图6-10。

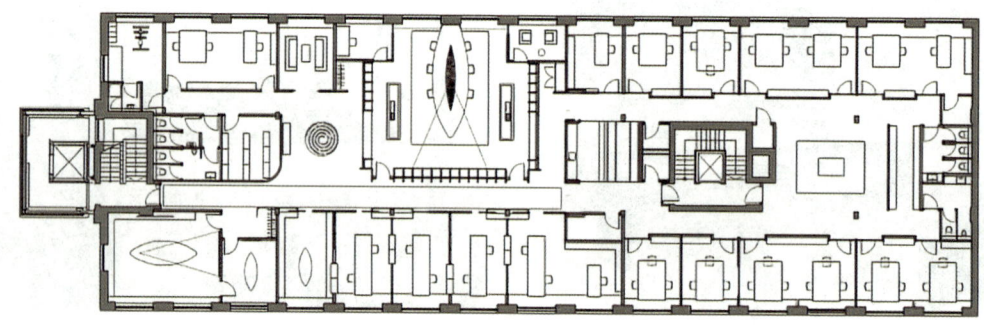

图 6-10 单间式办公空间

（2）开放式办公空间。

开放式办公空间又称开敞式办公空间，办公区域面积大，无封闭分隔。开放式办公空间是外向型的，限定性和私密性较小，强调与空间环境的交流和渗透，有利于办公人员、办公组团之间的联系，提高了办公设施、设备的利用率，减少了公共区域和结构面积。随着空调、隔声以及办公家具、隔断等设备设施的不断发展与优化，开放式办公空间环境质量有了很大提高，见图6-11。

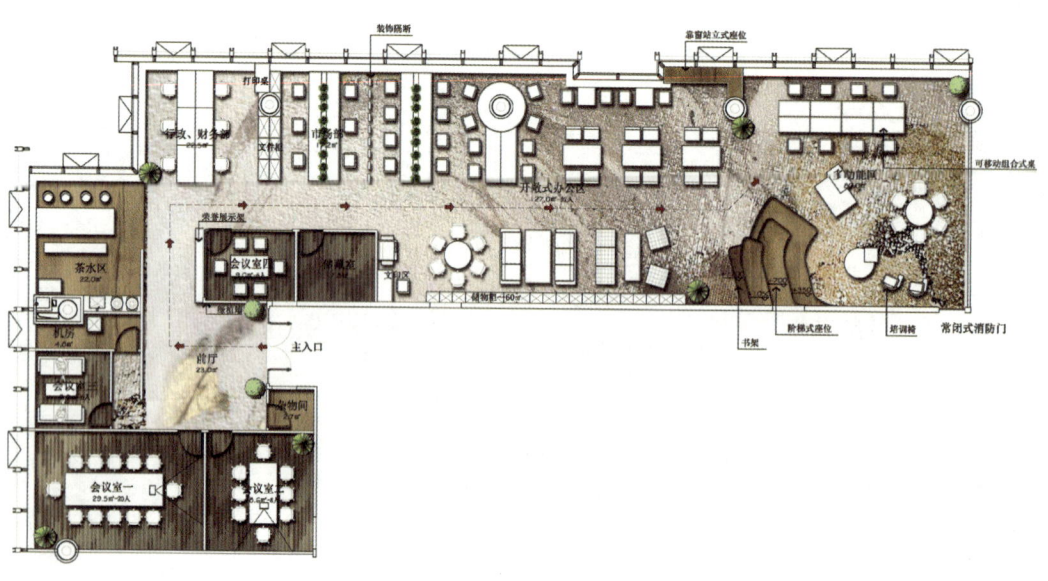

图 6-11 开放式办公空间

（3）单元型办公空间。

单元型办公空间是由接待空间、办公空间、专用卫生间以及服务空间等组成的相对独立的办公空间形式，一般位于商务出租办公楼中，也可能以独立的小型办公空间形式出现。办公大楼内设有文印、资料展示、餐厅、商店及其他公共服务空间。单元型办公空间可以充分利用办公大楼的各项公共服务设施，并具有相对独立、分离的办公功能，是商业办公室、设计公司、律师事务所和海外办事处的最佳选择，见图6-12。

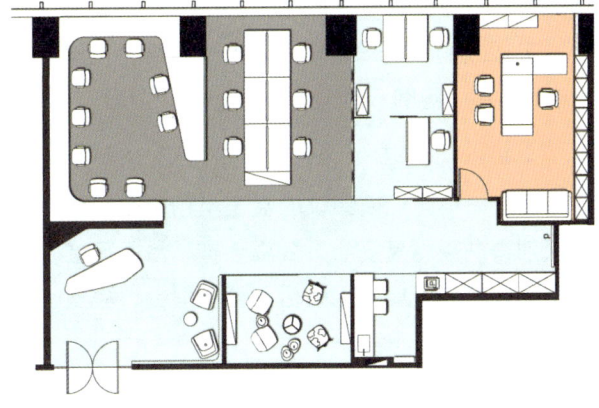

图6-12 单元型办公空间

（4）混合型办公空间。

混合型办公空间是由单间式、开放式组合而成的办公空间形式，适用于办公室组织机构完整、管理层次清晰的企业。其整体为开放式的办公空间，结合高层主管少量布置单间办公室，体现了现代办公沟通、高效、私密和层次结合的环境理念，见图6-13。

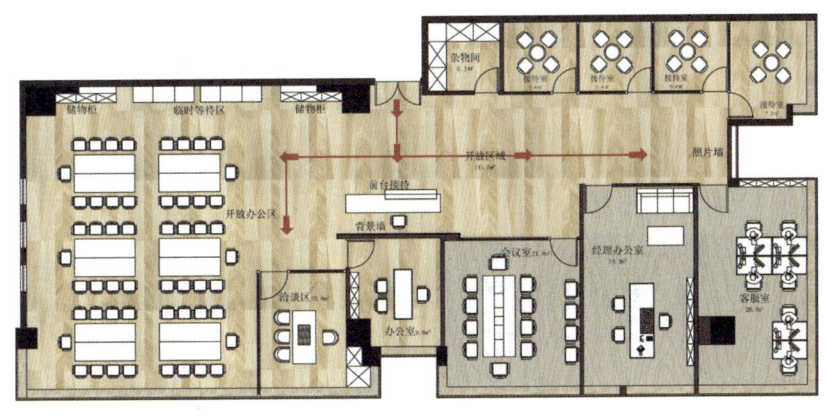

图6-13 混合型办公空间

3. 工作区域家具布置形式

（1）办公家具类型。

办公家具按功能分为办公桌、办公椅、文件柜、会议桌、屏风、沙发等。

① 办公桌。

办公桌分为班台和职员办公桌，规格多样化，常见尺寸长为1200～1600mm、宽500～650mm、高700～760mm。

② 办公椅。

办公椅常见的有五星脚转椅、弓形椅、木制椅，分为有扶手和无扶手两类。办公椅靠背低，多为软座面、软靠背，除了可与办公桌搭配外，也可以作为会议室的座椅。办公椅座面高400～450mm，座面长和宽约450mm，见图6-14。

③ 文件柜。

文件柜用于收藏各种文件和办公用品，是办公空间中不可或缺的家具，通常依墙而立，有时也用来进行空间分隔，见图6-15。

④ 会议桌。

会议桌分为不同规模会议的会议桌和用于业务洽谈的谈判桌两类，高度与办公桌一样，台面尺寸可大可小，大型会议桌采用组合型，小型会议桌多为单件大板，见图6-16。

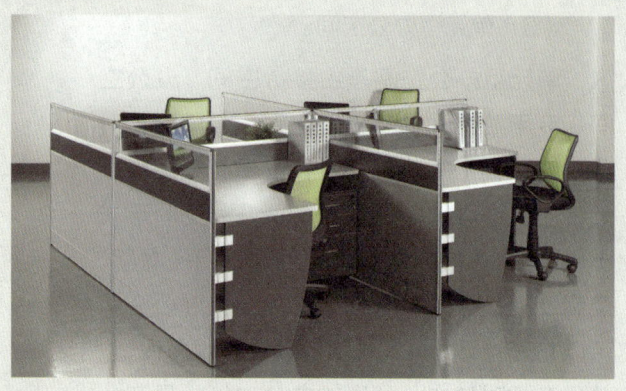

图 6-14 组合办公桌椅

图 6-15 用作空间隔断的文件柜

图 6-16 单板小型会议桌和大型会议桌

⑤ 屏风。

屏风主体采用金属框架式结构，配合各式可拆板，将办公区间分隔成若干单元，在不影响联系的前提下减少相互干扰，见图6-17。

图 6-17 办公屏风

⑥ 沙发。

沙发用于接待客户或者员工休息的会客室或休息室家具，一般选用尺寸适中、造型简洁、使用舒适的类型。

（2）办公家具的布置方式。

办公家具的配置、规格和组合方式由使用对象、工作性质、设计标准、空间条件等因素决定。其中，办公桌椅的布置是办公空间布局的主要内容，办公家具布置常用的 6 种方式如下。

① 同向型。

即办公桌的坐向统一为一个方向，办公人员的视线不会相对，不易于交谈、交流，有利于营造安静的工作环境。

② 相对型。

办公人员面对面就座，有利于工作交流和电脑等办公设备的布线。为避免视线直接相对，增设挡板更好，见图 6-18。

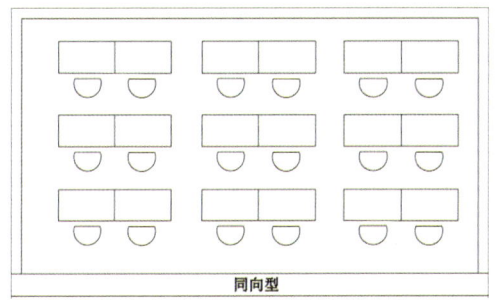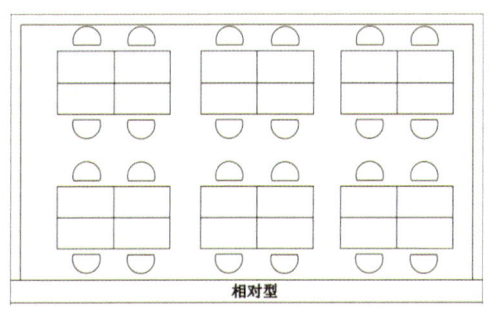

图 6-18 注重内部秩序的同向型和相对型布置方式

③ 分间型。

私密性较高，注重个人隐私，但分间布置占用面积较大，空间利用率不高。

④ 背向型。

背向型是同向型和相对型的结合，兼具两者的特点，有利于信息处理，注重群体交流，见图 6-19。

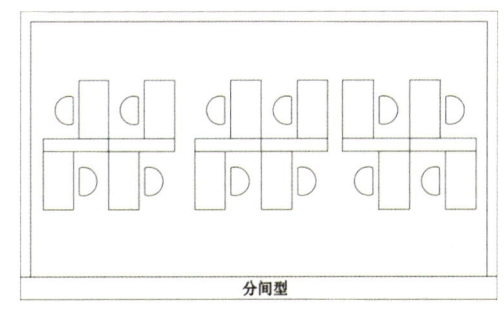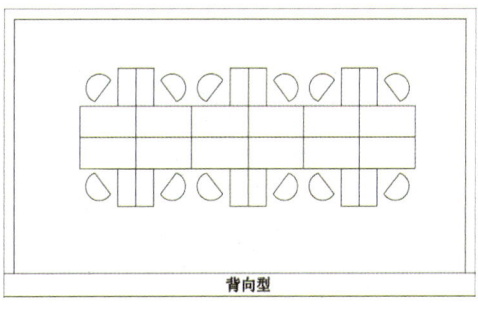

图 6-19 分间型和背向型布置方式

⑤ 混合型。

没有固定的模式和规律，可根据使用情况和业主的喜好灵活布置，可以创造出多样化的空间形式见图6-20（a）。

⑥ 创意型。

办公桌椅的布置为创意主题，可以展示企业文化，激发员工潜力，提高工作效率，适用于文化创意产业办公空间，见图6-20（b）。

图6-20 混合型和创意型布置方式

（3）办公家具与人体尺寸关系。

办公空间设计首先要准确把握办公家具尺寸与人体尺寸的关系，保证足够的活动空间，营造宜人的工作环境，使办公人员在长时间的工作中保持良好的工作状态，减少员工职业病。

① 基本工作单元家具与人体尺寸关系见图6-21～图6-25。

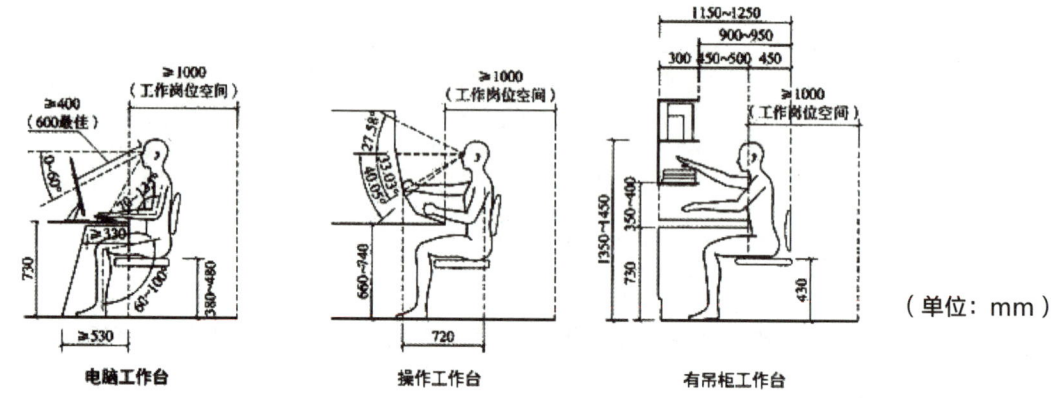

图6-21 不同工作台与人体尺寸关系

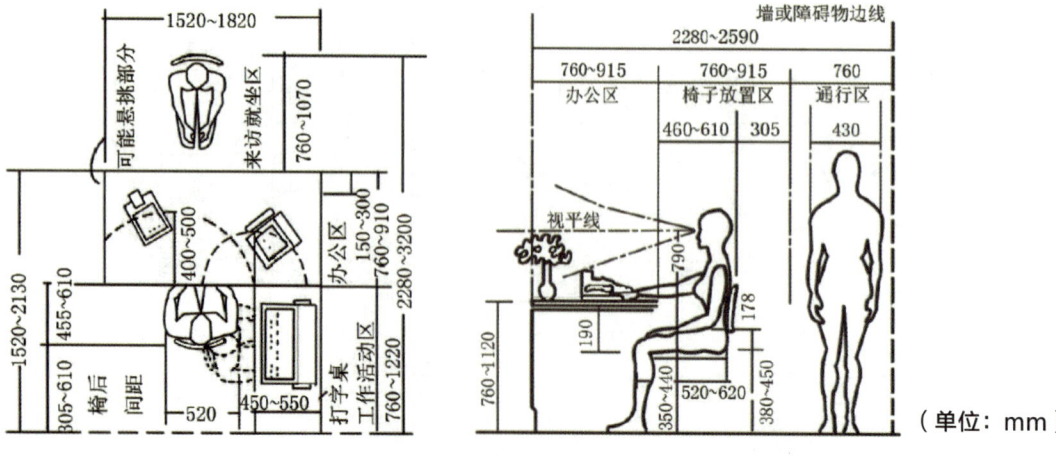

图6-22 L形工作单元　　　　图6-23 可通行基本单元

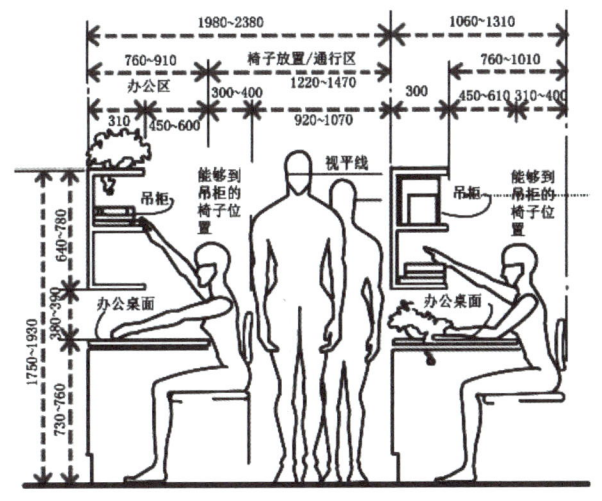

（单位：mm）

图6-24 设有吊柜的基本工作单元　　　　图6-25 背后设有文件柜的基本工作单元

② 桌椅隔断与人的视线关系。

办公桌面对面设计时，一般会在桌面上做一个小型隔断或者吊柜，以避免办公时人的视线直接对视造成尴尬，让人缺乏安全感，见图6-26和表6-1。

图6-26 办公桌椅隔断与人体尺寸关系

（单位：mm）

表6-1 隔断高度与人的坐立体验

隔断高度	人的坐立体验
1100mm	坐着时无视觉障碍
1200mm	与坐着时的视点大致相同，若站立则无视觉障碍
1500mm	与站着时视点大致相同，环顾四周时压迫感小
1600mm	可视范围为与座位相适应的展示面和储物架
1800~2100mm	在视觉上遮蔽人动作的同时，有意识地隔断来自外部的视线，以保护隐私。

（4）会议区规模与布置。

会议区的平面布置主要根据参会人员数量、会议形式以及会议区的面积来确定。人们在会议区的活动动态尺寸是会议区空间设计的基础。

① 会议桌的形式与尺寸见图 6-27。

② 会议室家具的布置见图 6-28。

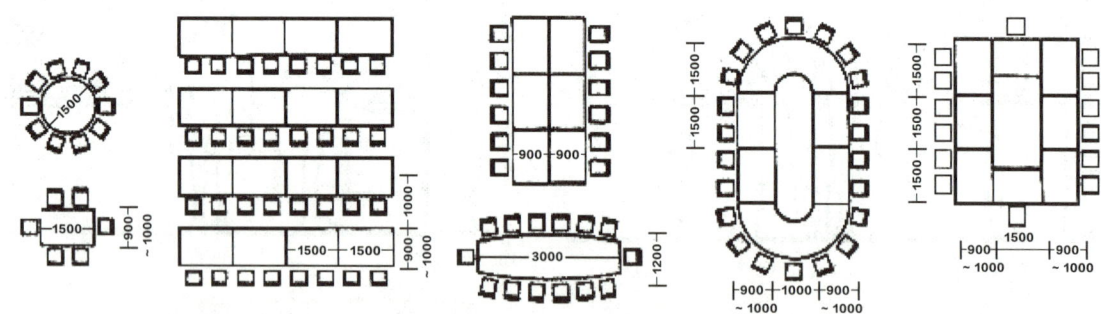

图 6-27　常见会议桌形式与尺寸

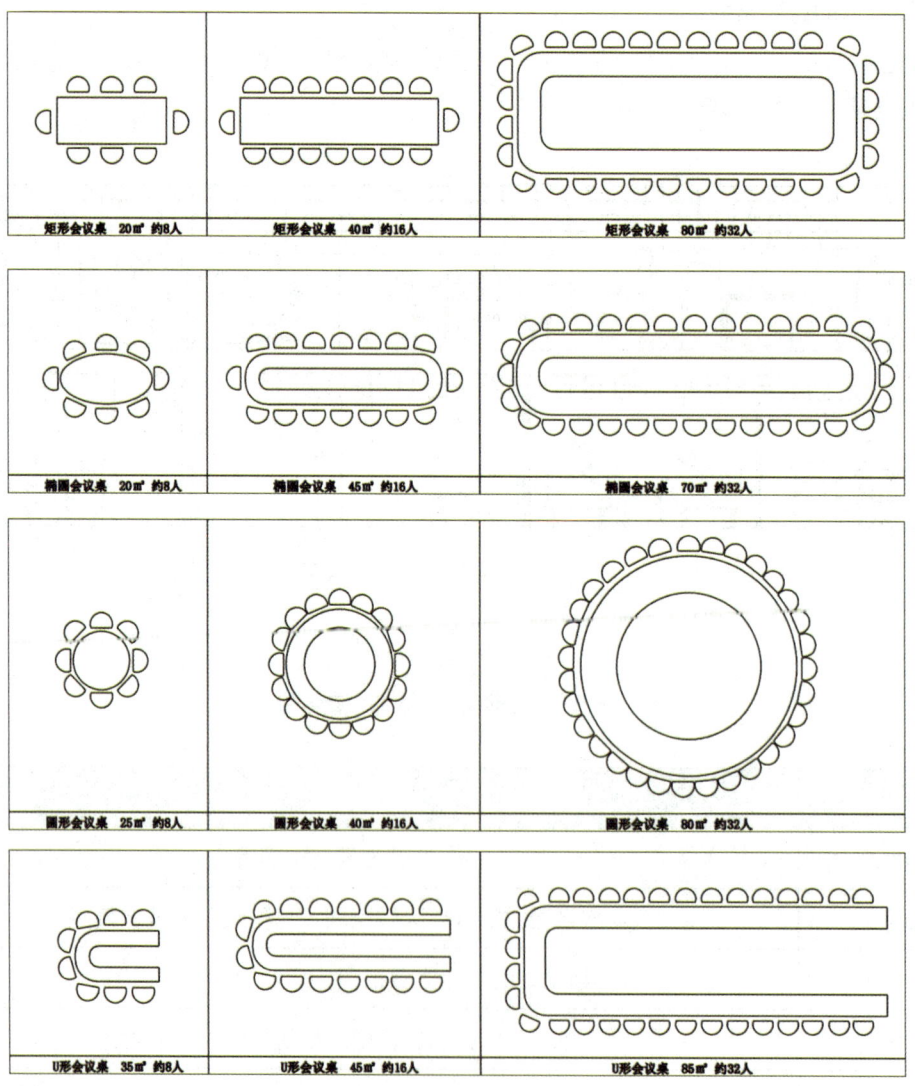

图 6-28　常见会议桌布置形式

（5）家具与人体尺寸关系。

人们在使用会议家具时，周边必要的活动空间和通行尺寸，是会议家具布置的基本依据，见图6-29～图6-31。

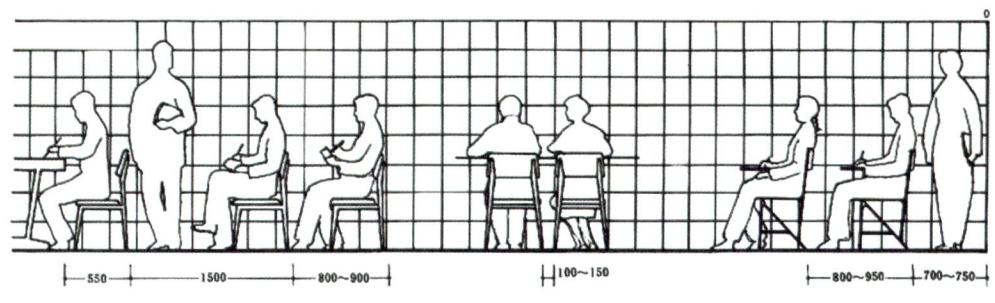

（单位：mm）

图6-29 各种会议状态人与家具的尺寸关系

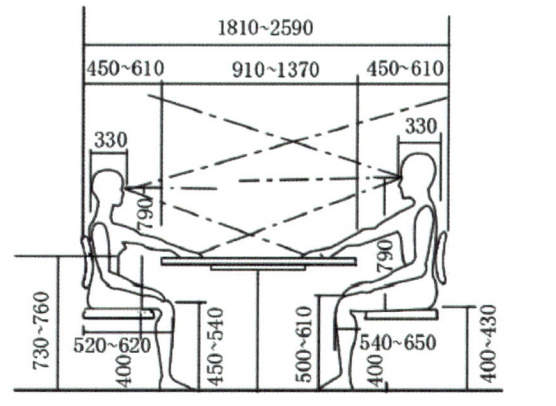

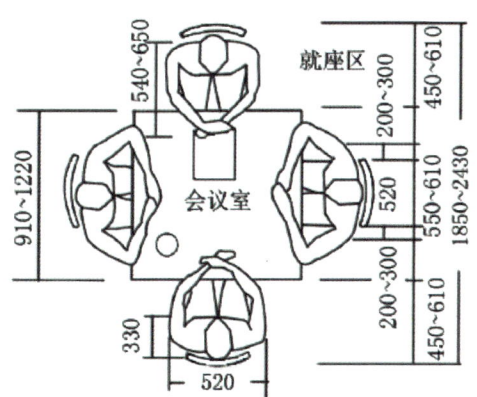

（单位：mm）

图6-30 方形会议桌与人体尺寸关系

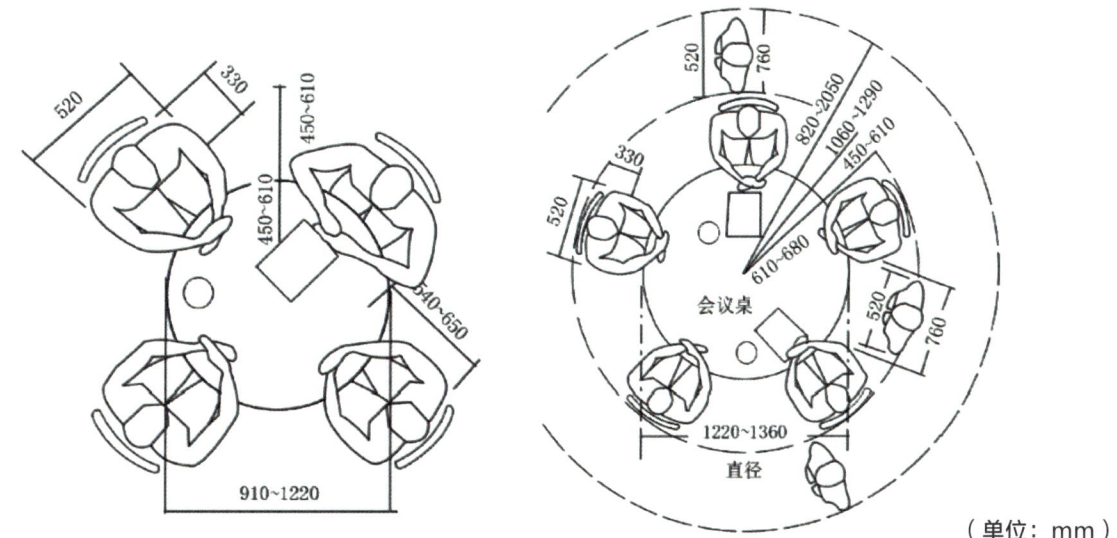

（单位：mm）

图6-31 圆形会议桌与人体尺寸关系

4. 办公空间环境设计

（1）办公空间光环境。

办公空间的照明设计要求光线的照度要高，便于阅读文件，同时，充足的光线对于提升员工的工作效率和保护员工的视力健康是非常重要的。除去自然光线，办公空间需要借助照明灯具来获得充足的光照。色温和照度是办公空间光环境的两个重要指标，可参照《建筑照明设计标准》（GB 50034-2013）中相应的规定。

① 色温。

简单来说，色温越低颜色就越暖，偏红色系；反之就越冷，偏蓝色系。对于办公空间而言，应选择3300 ~ 5300K 不冷不暖的色温。

② 照度。

照度是指被照射面单位面积上所接受可见光的光通量的多少，单位为 lx，1lx=1 流明 / 平方米，我们常说工作的桌面够不够亮，通常就是指照度够不够。同样面积的情况下，光源的光通量越高，也就是流明值越高，照度就会越高。一般而言，要求灯光环境越明亮的话，照度的要求也越高，表 6-2 是办公空间各场所的照明标准值。

表 6-2 办公建筑照明标准值

房间或场所	参考平面及其高度	照度标准值（lx）
普通办公室	0.75m 水平面	300
高档办公室	0.75m 水平面	500
会议室	0.75m 水平面	300
视频会议室	0.75m 水平面	750
接待室、前台	0.75m 水平面	200
服务大厅、营业厅	0.75m 水平面	300
设计室	实际工作面	500
文件整理、复印、发行室	0.75m 水平面	300
资料、档案存放室	0.75m 水平面	200

注：此表适用于所有类型建筑的办公室和类似场所的照明。

（2）办公空间色彩。

办公空间色彩设计除了满足空间的使用功能要求，还要考虑人在室内空间中长时间活动的特点，考虑色彩对人的情绪和心境的影响。色彩设计的方法虽多，但归纳起来，办公空间色彩设计有以下基本原则。

① 办公空间的使用功能不同，色彩设计应有所区别。设计策划类的办公空间应选择明亮、活泼的颜色；行政类办公空间应选择淡雅、简洁的色彩；管理者的办公室需要相对安静、沉稳的配色。

② 室内空间的面积、大小、形态不同，色彩设计应根据室内空间的需要，进行不同的强或弱处理。

③ 室内空间由于方位、朝向、楼层不同，受自然光照的影响也不一样，可用色彩结合自然光和人造光来进行调整。

④ 室内空间由于人的活动和使用时间的长短不同，应分别进行针对性的色彩设计。

（3）办公空间声环境。

人工作时，总希望环境是安静的。研究表明，不适的声环境会使人的肾上腺水平升高，感觉压力增大，导致工作效率降低，出错的可能性增大，甚至造成生理和心理的伤害。办公空间的噪声舒适标准为大空间开放式办公室不大于 50dB，单间式办公室不大于 35dB，设计室、制图室等不大于 40dB。

① 室外噪声解决。

外部噪声主要来自施工噪声、汽车交通噪声和生活噪声。室外噪声通常采用墙体降噪、玻璃降噪等方式。墙体降噪就是在外墙上使用轻质空心砖，噪声严重时可以在墙上加一层石膏板和一层吸音棉。玻璃降噪则是指利用中空玻璃来实现玻璃的抗噪声。

② 室内噪声解决。

内部噪声的主要来源是室内人员的频繁沟通，包括员工之间的交流或员工与客户的交流。无论是面议交流还是电话交流，噪声都非常大。室内噪声可以通过布局划分、制造隔断和采用隔音材料等方法进行降噪。另外，办公室空间规划系统的首要原则是对部门架构和职能的分析，并根据职能需求进行空间划分。例如按部门进行组团划分，每个组团不超过三十人，通过过道、休闲区等其他功能区对不同组团进行分割，可以避免噪声叠加影响整个区域的员工。

在公共区域噪声是难以避免的，因此将公共区域与非公共区域进行隔离显得尤为重要。将对空间安静要求高的部门，比如财务部、技术部规划在内部，业务部和客服部安排在靠近入口的空间，以此降低部分区域的整体噪声。此外，家具可以在办公室起到隔音效果。具有纤维特性的木制家具，可有效吸收办公室装修设计的噪声。将机柜放在墙壁前面，以阻挡噪声。绿植也能有效吸音，还有美化空气、改善环境的效果。

（4）办公空间热环境。

办公空间一般采用中央空调实现温度控制。室温 25.5℃、湿度 70% 左右，人体体感最舒适。

三、学习任务小结

不同企业环境所要打造的理念、文化、功能不同，办公空间设计需要解决的就是如何让员工在舒适、愉悦的环境中完成工作。工作环境越便利、舒适，员工就工作得越愉快，沟通越高效，工作效率也就越高。从事办公空间设计，首先要充分了解企业类型和企业文化，了解企业内部机构和人员配置，把企业和人的需求作为基点，设计具有企业风格与特征、各部门所需面积合理、办公设施完善便利的办公空间，最大限度地激发员工的工作热情、降低工作伤害和职业病的产生。

通过本节的学习，明白办公空间设计整体考虑其工作性质、使用者、办公设施、办公环境之间的内在联系，建立设计以人为本的理念并践行。

四、布置作业

现场测量某教师办公室环境尺寸，了解目前使用过程中存在的问题，提出教师办公室改造方案。

学习任务 二　餐饮空间设计

教学目标

（1）专业能力：分析饮食行为，了解饮食行为与饮食环境的关系，能根据餐饮空间的功能和需求，运用相关人体尺寸、活动空间尺度和心理行为的知识进行餐饮空间设计，处理餐饮空间常见的人体工程学问题，总结归纳人体工程学规律。

（2）社会能力：根据教学需求独立或合作学习，具有团队合作的能力，参与教学互动，掌握发现、分析、解决、归纳餐饮空间设计中人体工程学的问题和规律，有效表达调研和学习成果。

（3）方法能力：主动学习、善于收集餐饮空间相关的人体工程学信息与资料，能运用人体工程学的知识和方法开展餐饮空间设计实训，学会分析、评价与总结。

学习目标

（1）知识目标：了解餐饮环境氛围、餐饮动机行为与餐饮空间设计的原则方法。掌握餐饮行为与餐饮环境基础知识以及餐饮空间家具布置与人体尺寸、活动空间尺度、心理行为等的关系，了解餐饮空间环境基本的技术要求。

（2）技能目标：运用餐饮空间家具的尺寸与布置形式、人在餐饮空间中的各种尺寸关系，解决餐饮空间设计的相关问题，在空间布局上更好地满足人的需求，并恰如其分地表达。

（3）素质目标：学习态度端正，自主学习，具有自律意识、时间与成长意识，完成餐饮空间设计相关学习任务，学会感恩与尊重、合作与担当。

教学建议

1. 教师活动

（1）根据学生和教学实际充分准备，理论联系实际，组织前置性学习，调动和提高学生自主学习能力。通过课堂模拟手段，模拟餐饮环境、角色扮演等方式学习餐饮环境与人的关系，体验不同餐饮环境、不同餐饮行为的使用效果，开展和指导学生实训学习，提高学生对人体工程学在餐饮空间设计中应用的认识。组织评价，发现教学中存在的问题，及时整改和辅导。

（2）引导学生体验餐饮行业人员的职业性质、工作内容与要求，体会就餐人群的用餐行为和心理习惯，从而树立设计为人服务、为社会服务的理念。

2. 学生活动

（1）学生通过考察或查找资料等方式，了解不同餐饮行为和餐饮空间环境的设计要素，构建有效促进学生自主学习、自我管理的教学模式和评价模式。

（2）制定与实施学习计划，主动参与教学互动和实训，学会与他人沟通合作，按要求完成学习任务。

（3）懂得展示、讲解、点评学习成果，总结归纳餐饮空间中人体工程学知识和应用规律，注重表达能力和沟通协调能力的培养，学以致用。

一、学习问题导入

随着人们生活水平的不断提高，对就餐的要求也越来越高，就餐过程已经不仅仅是享受美味的食物那么简单，而且更加注重用餐时的环境和氛围营造。餐饮空间的整体布置、界面处理、色彩搭配、灯光设计等条件对顾客心理影响越来越大，见图6-32。

图6-32 不同类型的餐饮空间环境

二、学习问题讲解

1. 餐饮空间的概念

餐饮空间主要由餐饮区、厨房区、卫生设施间、门厅、接待前厅等区域构成，这些功能区之间按照特定的关系有机地组合在一起，形成了完整的餐饮功能空间序列。餐饮空间形态千变万化，式样繁多，总体上可以归纳为两类，即水平实体（如地面、顶棚）与垂直实体（如列柱、隔断、家具等），图6-33是某餐厅的一层平面布置图。

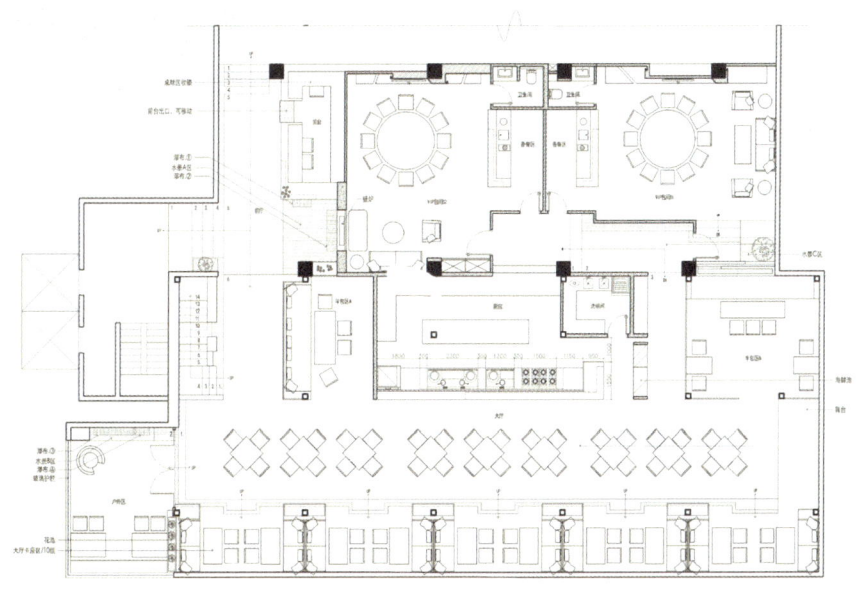

图6-33 某餐厅一层平面布置图

2. 饮食行为表现

（1）裹腹型饮食行为。

在快节奏的现代社会，人们工作繁忙，就餐时间有限，就餐只满足生理所需而不能享受美食。裹腹型饮食行为不需要提供任何餐饮环境设计。

（2）温饱型饮食行为。

在条件允许的情况下，人们有了一定的时间，可选择餐饮环境，不仅考虑吃饱，而且考虑吃好。温饱型饮食环境需要一定的场所，对饮食环境有一定的要求，于是就出现餐饮空间设计的行为表现，见图6-34。

图 6-34 温饱型饮食环境

（3）舒适型饮食行为。

舒适型饮食是把饮食作为一种生活享受。人们对饮食的要求不仅只体现在温饱上，对餐饮环境也提出更高的要求，如餐饮空间的风格和就餐体验。因此，舒适型餐饮空间设计上形成了各种风格的就餐环境，如风味餐厅、主题餐厅等，见图6-35。

图 6-35 舒适型饮食环境

（4）保健型饮食行为。

人们的经济能力、生活水平不断提高，饮食观念发生转变，越来越多针对不同消费人群的餐厅出现，如减肥人士的素食馆、爱美人士的疗养食馆等。这种餐饮空间设计给饮食加工提出了更高的要求，同时要求饮食环境更科学、更具个性化，见图6-36。

图 6-36 保健型饮食环境

3. 餐饮行为与餐饮环境

饮食行为受到客观条件的约束。除了裹腹型饮食行为，在其他几种饮食行为中，消费者呈现出很大的主观能动性。餐饮环境的最终目的是满足人的心理和生理需求，由于餐饮动机不同，餐饮环境也不同。

（1）温饱型餐饮环境。

温饱型餐饮主要是满足消费者生理需要，也有部分是由于需要减少用餐时间或者经济原因，属于经济型消费，一般出现在大众饮食店、快餐店、集体饭堂等。

① 功能流线分析。

温饱型餐饮环境是为了满足温饱，对就餐环境要求不高。功能流线比较单一，注重快节奏，见图6-37。

② 空间特征。

温饱型餐饮空间布局紧凑，较少考虑就餐的隔断问题，注重快节奏和高效。家具讲究方便、轻巧、简洁、实用。室内环境装修简洁、明快，界面装饰简单，若是连锁餐厅，在装饰设计上会有统一的标准，见图6-38。

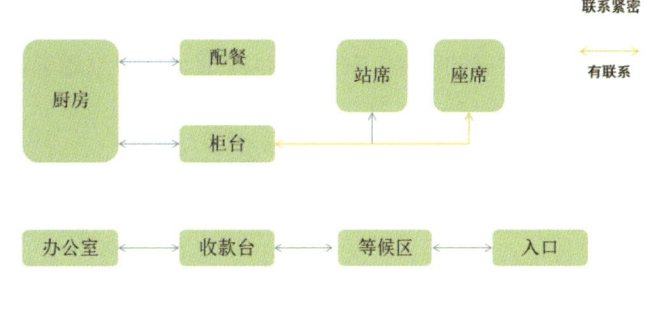

图 6-37 温饱型餐饮空间功能流线分析

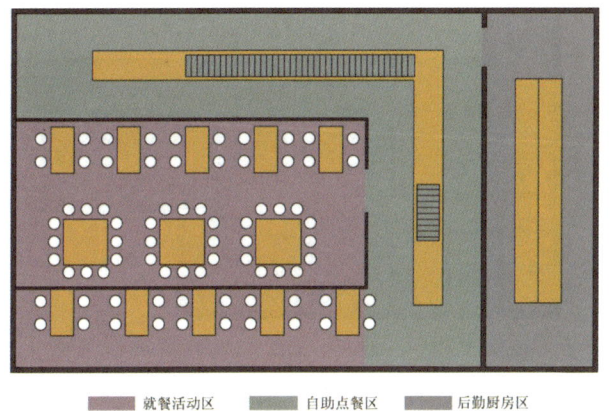

图 6-38 温饱型餐饮空间特征

（2）舒适型餐饮环境。

舒适型餐饮用餐时间长，用餐过程讲究具有一定的私密性，注重空间环境的设计风格，追求个性化的风格设计。

① 功能流线分析。

舒适型餐饮空间流线主要有两大类，一是顾客的就餐流线，二是工作人员的工作流线，见图6-39。

② 空间特征。

舒适型餐饮空间一般在空间规划设计上采取大厅结合包间的方式布置，或者采用半开敞式布局。家具选用与该空间风格统一的样式，重装饰型家具，同时注重舒适感。室内环境装修风格形式多样，见图6-40。

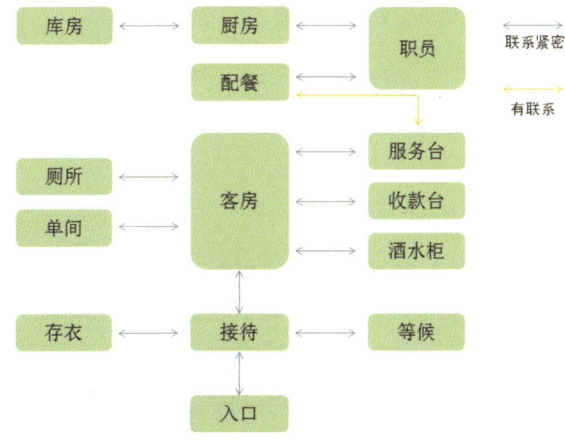

图 6-39 舒适型餐饮空间功能流线分析

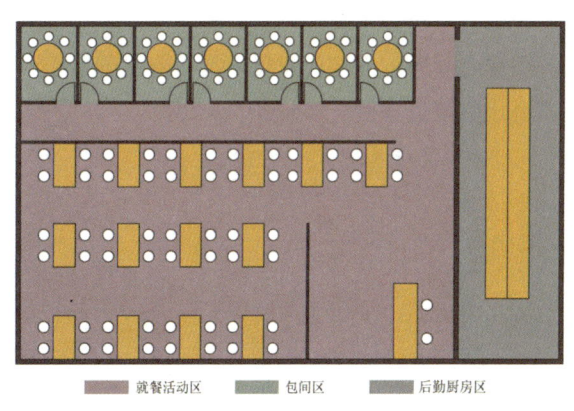

图 6-40 舒适型餐饮空间特征

（3）休闲酒吧及咖啡厅。

休闲酒吧和咖啡厅大多是休闲、交际的餐饮空间，环境轻松、愉悦，以年轻人为消费主体，在空间设计上注重人与人之间的距离，家具选用以舒适为主，注重感官体验。

① 功能流线分析。

休闲酒吧和咖啡厅餐饮空间因用餐时间较长，注重感官体验，整体氛围轻松。布局看似轻松随意，功能必须面面俱到，见图6-41。

②空间特征。

休闲酒吧及咖啡厅与其他就餐空间相比，空间更具灵活性、复合性和流动性，整个空间形式更加自由、活泼，更具个性化，见图6-42。

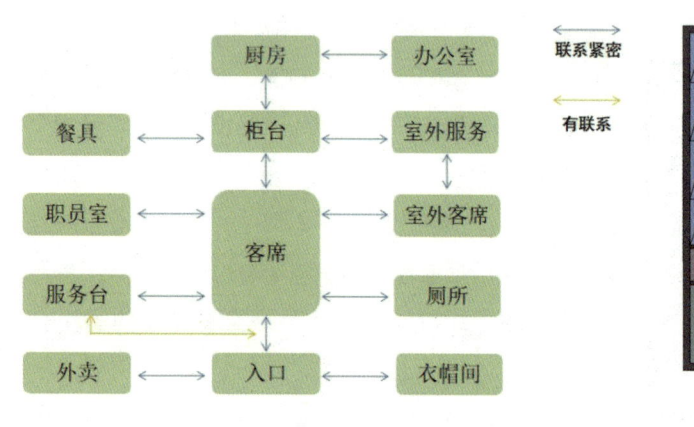

图6-41 休闲酒吧及咖啡厅空间功能流线分析

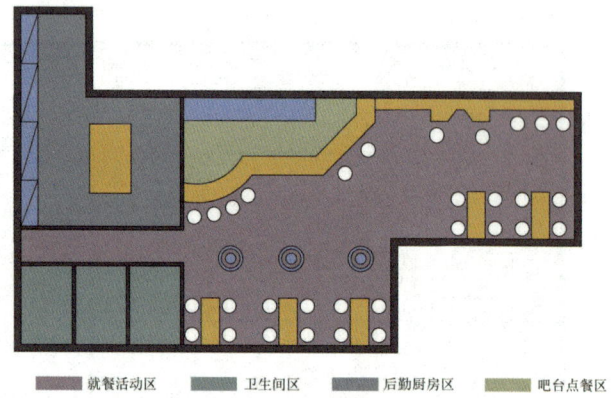

图6-42 休闲酒吧及咖啡厅特征

4. 餐饮空间家具布置与人的关系

（1）餐饮空间家具尺寸。

餐饮空间中的家具占地面积要比一般居住空间、办公空间等家具占地面积大。因此，餐饮空间的气氛营造、装饰风格受家具的造型、色彩和质地影响较大。餐饮空间的家具主要包括餐桌、餐椅、餐柜、酒柜等。

餐桌是就餐时的主要家具，其设置除要考虑人的行为心理外，还必须适合人体尺度。餐桌的设置直接影响就餐环境的舒适程度。

① 常见矩形桌尺寸见图6-43。

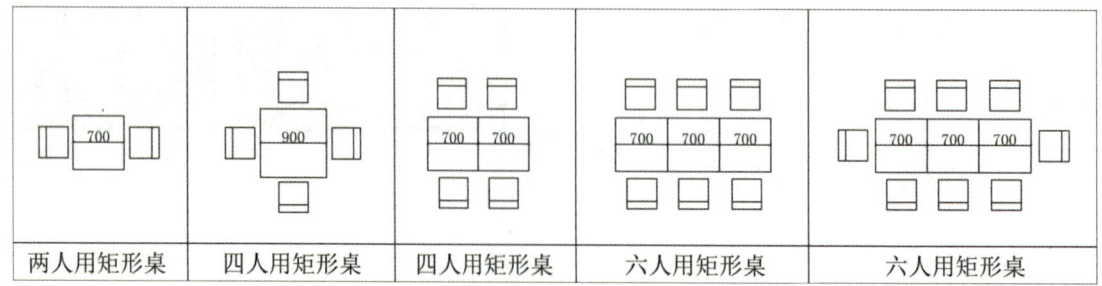

图6-43 常见矩形桌尺寸（单位mm）

②常见圆桌尺寸见图 6-44。

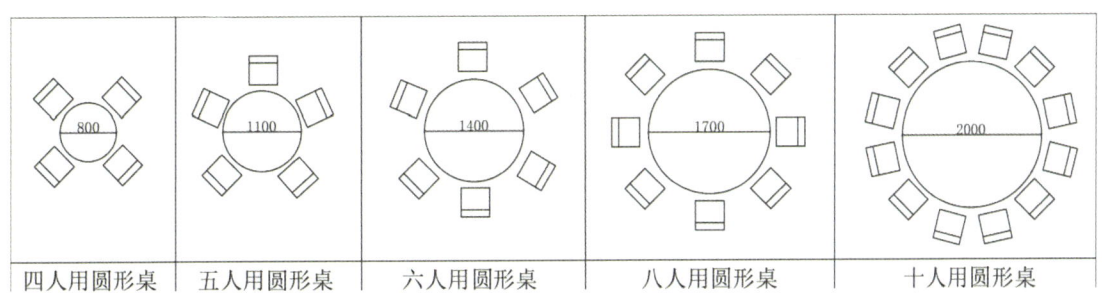

800
1100
1400
1700
2000
四人用圆形桌
五人用圆形桌
六人用圆形桌
八人用圆形桌
十人用圆形桌

图 6-44 常见圆桌尺寸（单位 mm）

不同的餐饮店其主体顾客组成不同，餐桌的布置要针对本店的主要顾客群体组成来设计。例如位于写字楼及商务公司附近的餐馆，其客源以商务宴请为主，餐桌多布置为正餐宴请方式，8 ~ 10 人桌为主，部分为 4 ~ 6 人桌，应配以雅座间（1 ~ 2 人桌），以示宴请人对宾客的尊重，并使饮宴气氛不受干扰。而位于购物中心内的餐饮店，多属快餐，顾客以年轻人为主，餐桌布置应以 2 ~ 4 人桌为主，还要设置单人餐桌，使每组客人都有自己的领域感，避免与陌生人同桌共餐。客人在就餐时希望得到休憩、放松，一般无须座间。针对客人到餐饮店的不同动机，每组客人人数会不同，餐桌布置要适应这些需求。餐桌的布置还应有灵活性。当每组客人人数少时，布置为 2 ~ 4 人 / 桌，有需要时又可拼为 6 人、8 人、12 人的条桌。

（2）家具布置形式。

餐饮空间的餐桌布局要整体考虑使用要求、空间设计要求和人体尺度及行为心理需求，满足就餐的使用、交通、工作服务等的功能要求，通过平面的合理组织，把餐桌紧凑有序地安排在空间内，通道和酒吧也都设置在方便的位置上，厨房和餐厅的关系既密切又有分隔。

① 餐桌布置形式见图 6-45。

PERONI

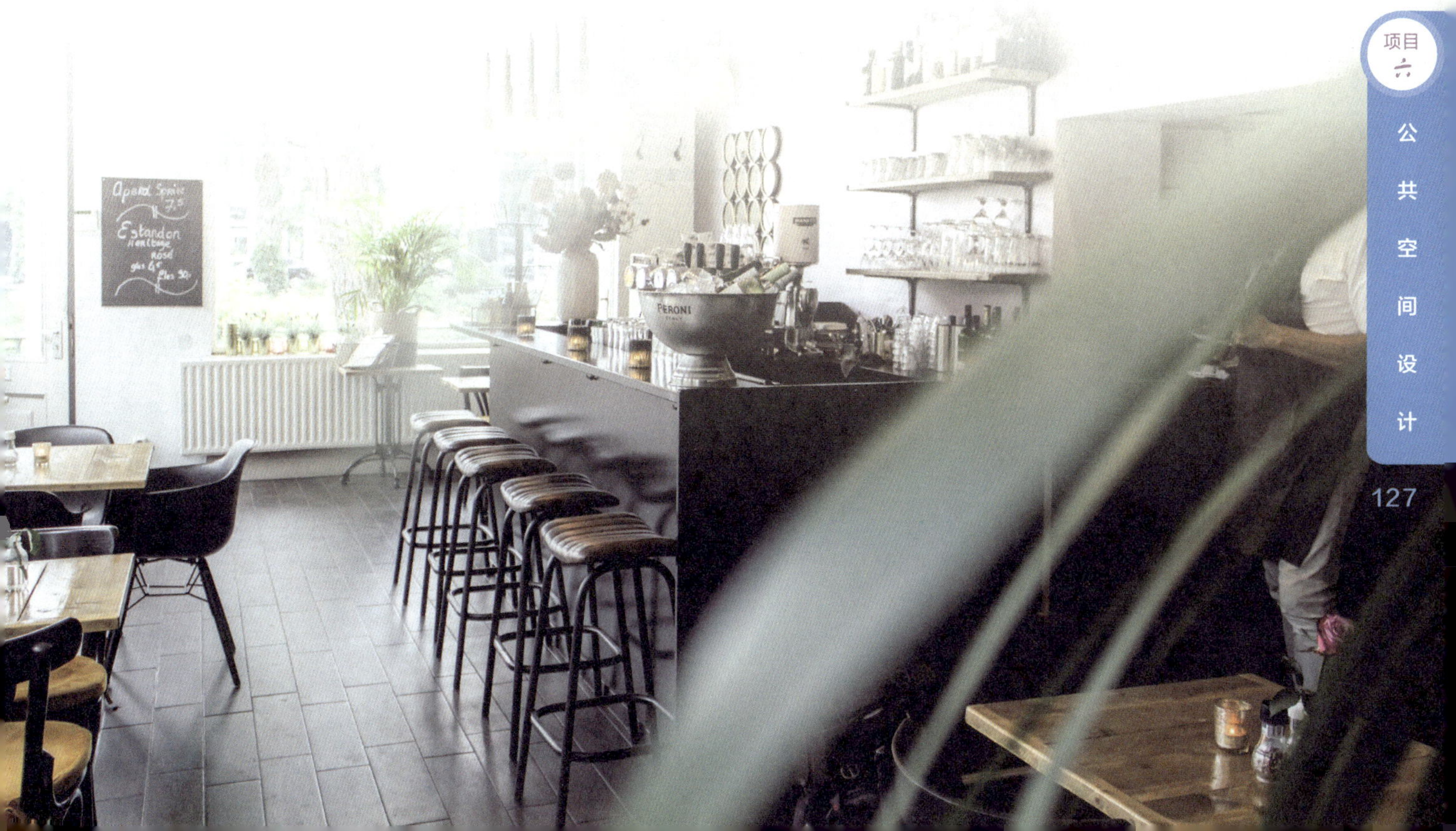

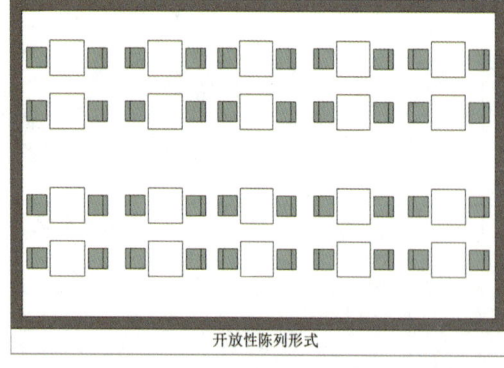

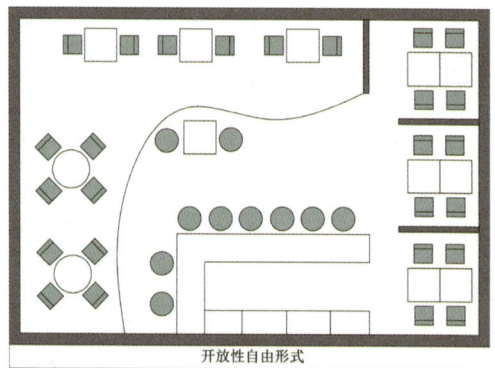

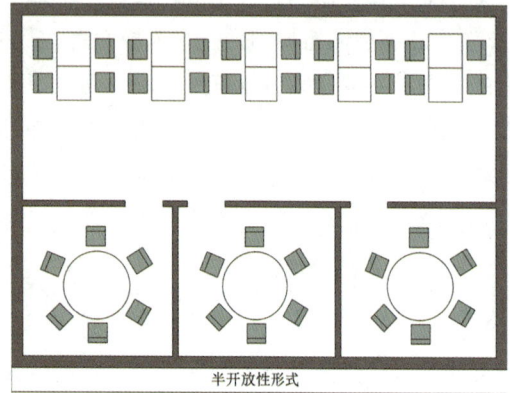

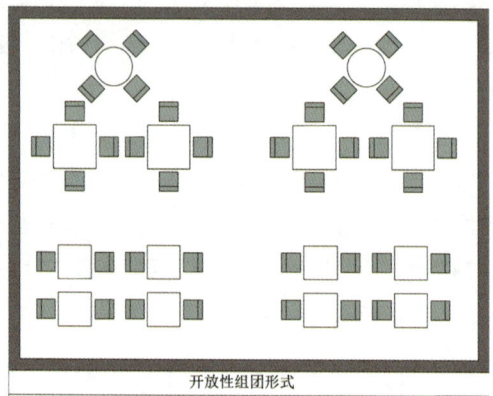

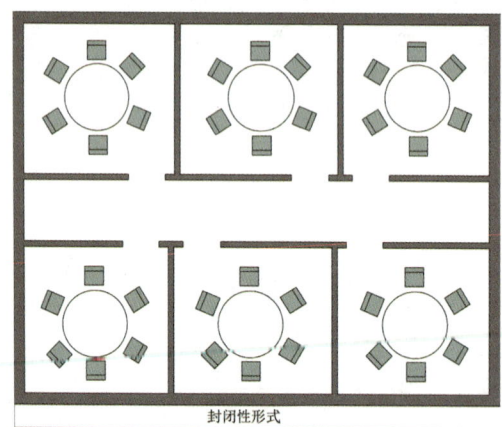

图 6-45 常见餐桌布置形式

（3）餐饮家具与活动空间。

　　餐桌椅在选取和布置时，要充分考虑到餐饮空间与就餐、工作人员的活动空间尺度，满足相关活动所需的空间大小和通行间距，具体尺寸见图 6-46～图 6-53。

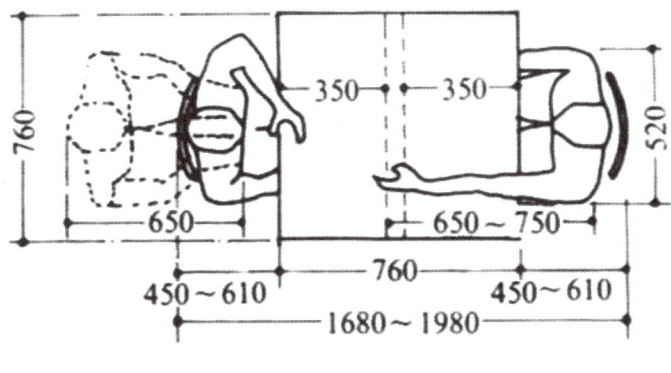

图 6-46 二人席位

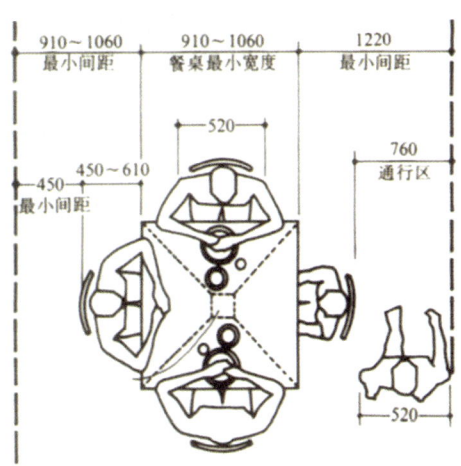

图 6-47 四人席位

（单位：mm）

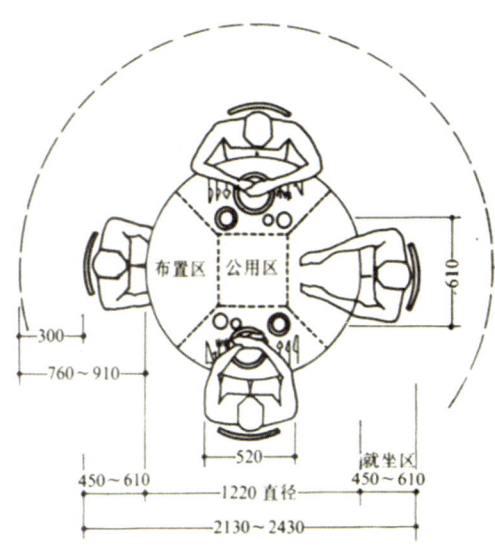

图 6-48 四人席位小圆桌（不留通行区）

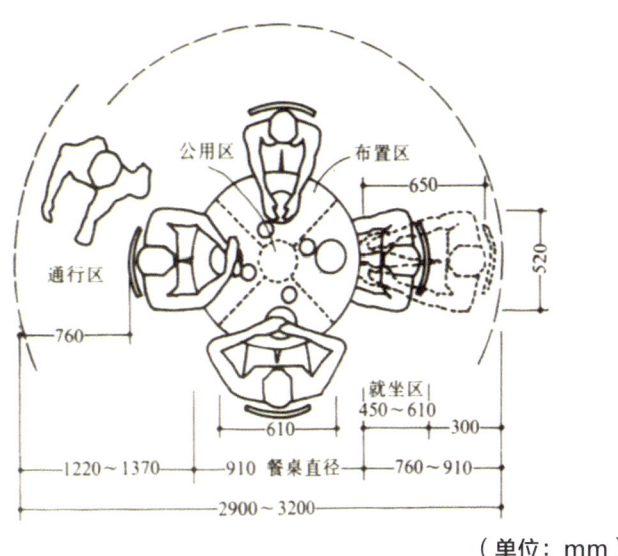

图 6-49 四人席位小圆桌（留通行区）

（单位：mm）

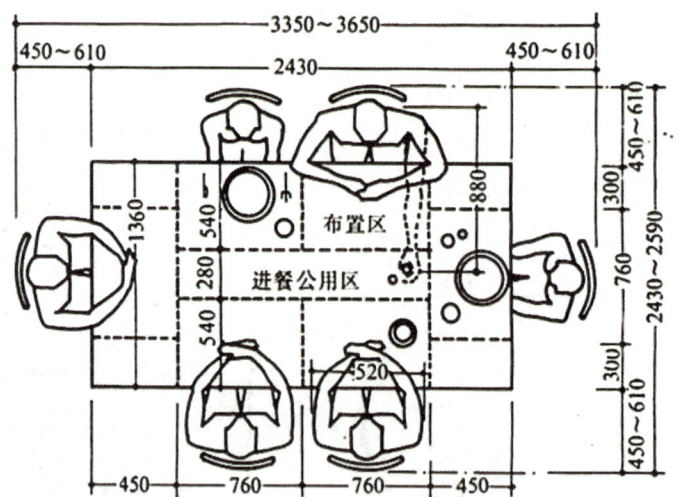

图 6-50 六人席位方桌

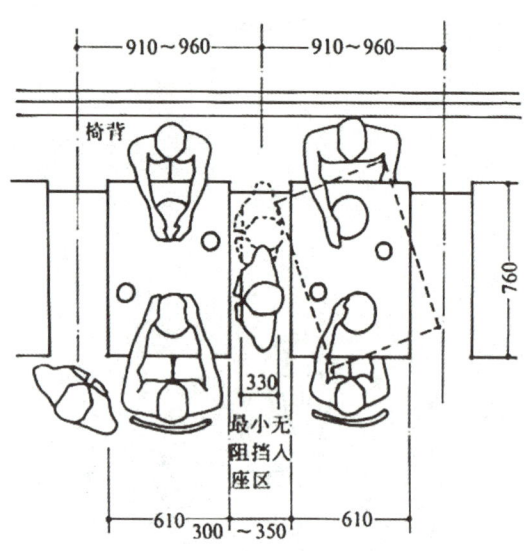

图 6-51 侧身通行间距

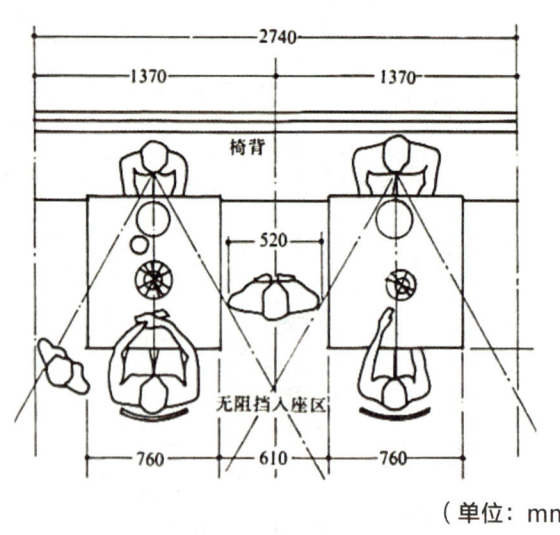

图 6-52 正常通行间距

（单位：mm）

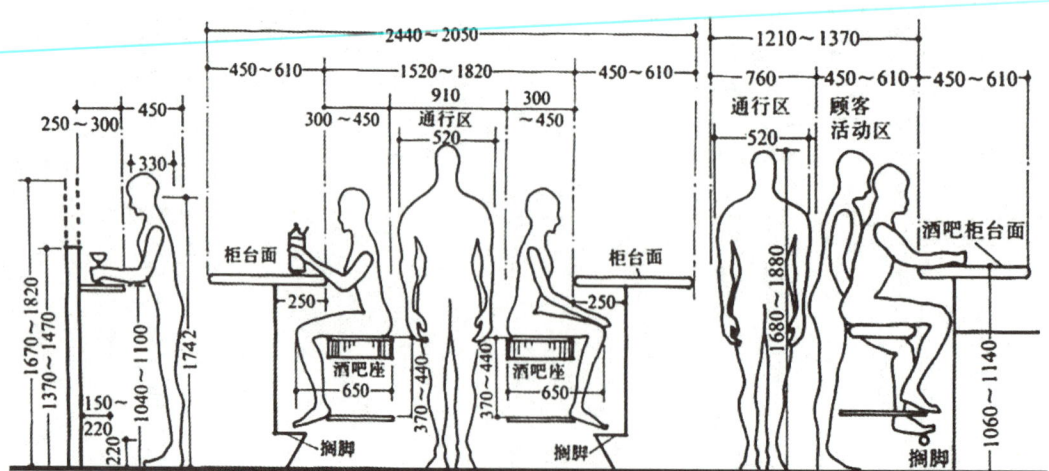

图 6-53 吧台人体活动尺寸

（单位：mm）

5. 餐饮空间环境设计

营造餐饮环境的目的是满足人们在餐饮方面的生理和心理的需求。因此餐饮空间设计基本遵循人们的餐饮行为，具体的做法和原则如下。

（1）餐饮空间光环境。

餐饮空间为了满足基本的就餐要求，整体灯光照度控制在 50 ~ 100lx 为宜。讲究空间环境氛围的餐饮空间可以通过重点照明和间接照明的组合渲染气氛，打造舒适、优雅的光环境。

（2）餐饮空间色彩。

首先应该有一个明确的主色调，并与餐厅的装饰风格相吻合。如中式风格餐厅常用褐色、黑色和白色为主调，点缀少量红色、青色；地中海风格餐厅常用蓝色、白色为主调。其次，可以采用一些能够增进食欲的颜色，如快餐厅常用的橙色、绿色等。

（3）餐饮空间声环境。

餐饮空间采用柔和、轻快的背景音乐能给人以放松、自由的心理感受，一般在休闲餐饮空间应用较多，如音乐酒吧。另外，餐厅包间的隔音处理也很重要，以保证空间的私密性。

（4）餐饮空间热环境。

餐饮空间设计时应注意合理控制餐厅的温度和湿度，通常来说，冬季 20 ~ 22℃，夏季 24 ~ 26℃较为舒适。

三、学习任务小结

餐饮空间设计与一般的室内设计不同，它有着独特的设计原则，主要体现在顾客导向性，注重舒适性和适用性原则，突出方便性、实用性、灵活性的原则，以及多维设计原则四个方面。虽然不同的饮食行为影响不同的空间环境、空间特征和功能流线，但最根本的还是必须满足相关人体尺寸、活动空间尺度以及心理行为所需。因此，从事餐饮空间设计前要做好前期的调研工作，明确餐厅的经营定位，由此确定其饮食行为，为空间布局、家具选用、餐桌布置等提供设计依据。

四、布置作业

（1）组织学生现场考察特色餐厅，测量餐厅家具主要的尺寸和通行间距，画出该餐厅餐饮区的平面图，标注主要尺寸。

（2）收集不同餐饮空间家具与人的尺寸关系，编制调研报告（课件）并分享。

参考文献

[1] 程瑞香 . 室内与家具设计人体工程学 [M]. 北京：化学工业出版社 ,2016.

[2] 刘盛璜 . 人体工程学与室内设计 [M].2 版 . 中国建筑工业出版社 ,2004.

[3] 理想 • 宅 . 设计必修课：室内设计与人体工程学 [M]. 北京：化学工业出版社 ,2019.

[4] 韩波，刘会瑜，赵国珍 . 人体工程学与产品设计 [M]. 北京：中国建筑工业出版社 ,2017.

[5] 中国国家标准化管理委员会 . 学校课桌椅功能尺寸（GB/T 3976-2014）[S]. 北京：中国标准出版社 ,2015.

[6] 中国国家标准化管理委员会 . 中国成年人人体尺寸标准（GB10000-1988）[S]. 北京：中国标准出版社 ,1989.

[7] 中国国家标准化管理委员会 . 在产品设计中应用人体尺寸百分位数的通则（GB/T 12985-1991）[S]. 北京：中国标准出版社 ,2000.